这些汤彻底改变了我

不再精神紧绷 不再体虚发寒 不再疲惫失调

煲汤达人 吴吉琳 著

北方文艺出版社

香港人对“煲汤”情有独钟，不论在火候、食材、锅具上，都有一定的讲究，作者的婆婆是香港人 ，婆婆数十年来一直以家为天，以照顾家人饮食起居为天职，自然而然对“煲汤”格外用心，多年的煲汤经验，让每碗汤品都是食材熬煮后的精华，也因此媳妇在厨房耳濡目染之下，承接了婆婆对家人的关心，造就了写本书最重要的资料来源。

生活步调的忙碌，加速了对身体的损耗，是现代人的通病。相对地，大家对调养身体的认识，从药补也转移焦点到食补上，强调“多吃食物、少吃食品”，用天然食材熬炖汤品，让身体在忙碌的都市节奏中得到滋养，不要再让身体成为化学物质存留的储存器。

这本书提供了城市男女一个了解自己身体的机会，生理的各种表象，反映出你的身体对各种营养的渴望，喝完元气煲汤，再来面对每天工作上的挑战。

友松制作 电视节目制作人
狄瑞泰

序是个开始！

在快餐文化中，找到一种家常，是古人的智慧所累积的煲汤文化的传承。我家街角有间餐厅，供应热的煲汤，温暖的煲汤安慰了来往人们疲累的身心。

老板是香港人，老板娘嫁过去后承续婆婆的煲汤技艺，将香港厨房的健康汤品带回台湾。谈到煲汤，大家都知道，它在香港的饮食文化中一直扮演着重要角色，几乎成为每个家庭的固定饮食习惯。让身体随着自然的节气获得补充，给予适当的调整，非补非医，只是单纯地补充身体所需的元气，而没有多余的负担。尤其在忙碌的工作之后，疲累的上班族喝碗汤舒缓疲惫的身心，确实很有效。

现代人没有时间调整自我的作息，身体无法得到应有的营养补充，而人们又认为煲汤要花很多时间，看似不难，但光准备食材，及细火慢熬就得花上不少时间。老板夫妻会告诉你详细的煲汤制作方法，其实你也能煲出原汁原味的好汤。

你有多久没有听听身体的心声？街头巷尾保健诊所不断增加，现代人生活工作压力不断增加，反映出身体需要补充能量。煲汤，没有太深奥的学问，随时倾听身体的呼唤，花点时间用点心思，在搭配食材与熬煮的过程中，为家人放入浓浓的爱心，调整因工作、课业所引发的压力。

一种饮食观念的改变需要时间。推广一种饮食文化，需要极大的勇气。感谢作者的勇气和努力，出版推广有关煲汤的饮食文化书，让煲汤文化就此顺利发展。

祝福事事圆满

艺术创作者　陈尚平

我身体自小就大病小病不断，还在婚前动过两次手术。嫁去香港后，婆婆帮我调理身体，从每星期至少一次的煲汤到脚底按摩，身体逐渐开始好转。

其中令我这个台湾媳妇改变最大的是，整个饮食观念都变得很港式！像是以前最爱的十全大补、姜母鸭、羊肉炉，这些大热大补在香港不流行。香港家庭采取的是均衡饮食，一天三餐、两顿点心、夜宵，居然没把我吃胖，反而比婚前瘦了15公斤！我怀孕时先生Michael仅煲清爽补汤给我饮用，令人惊讶的是，孩子一出生非常干净健康，像胎便等杂质几乎都没有！以前经常出现的经痛、手脚冰冷、流感都和我绝缘了。

香港人将药膳发挥得出神入化，当家中有人不舒服，都会要求妈妈煲汤，而妈妈看到家人疲惫或不适，也会在晚餐时备上一锅爱心汤，为家人补充天然的元气。若是单身独居或小家庭，香港的一些餐馆甚至每个地铁站都能买得到靓汤喝。煲汤好处多多，我想让更多人受益，为自己或家人补充一碗天然的保健营养汤，让你的身体越来越棒。

要喝对一碗汤是很重要的，基于继续推广这个理念，我和先生Michael开始了煲汤之路，坚持严选食材、药材，注意煲汤火候，不加任何调味品，一锅汤仅仅以少许盐调味，打造真正的天然好汤。

我一心只想让更多的人懂得照顾自己，不是很难，只是需要树立健康的观念，我们的坚持需要你们的支持！

煲汤达人　吴吉琳

访客餐厅
一碗汤改变未来！

香港家庭式煲汤传统好味道

谁会想到十几年前带着歌手四处跑通告，生活日夜颠倒、精彩刺激的吴吉琳，现在成为了煲汤达人兼访客餐厅的老板娘。

朋友怂恿开“访客”

开餐厅源自于一碗汤，虽然嫁到香港，但一年后吉琳姐又跟着老公回到台湾创业。吉琳姐说：“当时没打算开餐厅，皆因朋友来访时我都用煲汤招待，朋友们越喝越上瘾，只要想喝就打电话来问我：‘今天有汤喝吗?’又或者说：‘我最近身体不适，可以煲汤给我喝吗？’他们怂恿我们卖真正的香港妈妈味煲汤。”

对吉琳姐和她身边喝惯真正的香港妈妈味煲汤的朋友来说，台湾市面上卖的汤汤水水，像她以前最爱的羹汤、麻油鸡、姜母鸭、羊肉炉

大小老板头好壮壮，
都是喝煲汤长大的喔！

为了心爱的家人，美味的煲汤一定要传承下去

等几乎都不再碰了。在香港的时候婆婆教导她喝对一碗汤对身体是帮助抑或是损害的重要性。

住宅区内的家常小馆

“访客”餐厅位于内湖文德地铁站后面的住宅区内，不走进很难发现是店面，餐厅内布置简单，附近住家常过来用餐或外带，至于港式煲汤，看着墙上的菜单价目表，汤品介绍得有些简略，吉琳姐每日推出例汤供应，而不是任客点汤。

吉琳姐表示，香港人一年四季都在喝汤，有春夏养秋冬、秋冬养春夏的健康观念，与台湾人冬令进补的看法不同。香港人喝汤是根据每个人的身体状况、季节气候、环境来煲制合适的汤，所以香港妈妈们的厨房都有几本到几十本煲汤口袋书作参考，还会运用原有药材和食材创造自己的私房汤，"要是每种汤都煲出来，一天一种都不重复。"

喝汤也能养生

喝过"访客"的汤，就一定要介绍老板Michael，吉琳姐说老公才是高手，擅长挑选与搭配药材食材，对于每道汤该如何将材料依序放入锅中，才能发挥最佳效用等煲汤流程，拿捏起来非常到位！

吉琳姐表示，店里港式煲汤用的中药以温补为主，首重开胃，喝下去后自然其他材料的功效会慢慢发挥作用。除非客人定制，才会依客人体质状况调配药材食材。

店内也有提供港式凉茶、灵芝、养肝、龟苓膏等养生饮品，让顾客进入店中就能感受到香港饮食的特色。吉琳姐表示，若来内湖欢迎到"访客"坐坐，品尝一碗健康美味的靓汤！

INTRODUCTION

本书导读介绍

汤品名称1

主要药材食材示意图3

15
玉米须煲排骨
三瓜瑶柱百合
【美肌润肤润肠利湿】
佛手瓜美肌润肤；葫芦瓜利尿消肿；木瓜润肠生津；玉米须利湿降血压血糖；瑶柱滋肝补肾。肌肤干燥、久坐下肢循环不佳、两便不通、三高人士适饮。

做法

木瓜……1个　瑶柱……3颗　蜜枣……4颗
佛手瓜……2个　玉米须……10克　排骨……250克
葫芦瓜……1个　百合……50克

1. 瑶柱用清水浸透撕开，连水倒入锅中同煲。
2. 木瓜去皮去核切大块、葫芦瓜洗净去蒂切厚片后备用。
3. 佛手瓜洗净对切，去核备用。
4. 玉米须浸泡数回，彻底去除黏的沙与杂质，沥干备用。
5. 排骨斩块入滚水氽烫5分钟，洗净备用。
6. 百合、蜜枣清水洗净备用。
7. 锅中放入约3000毫升清水，将所有材料放入锅中，用猛火煲至水滚，改用文火续煲3个小时，关火，放入适量盐调味。

汤品分析

玉米须性味甘淡平，具有利胆退黄，利水消肿之功效，若久坐办公、下肢水肿，可使用此料搭配饮食使用。

冬天养生预防疾病汤品

艺人经纪 邓怡心：
佛手瓜含有丰富的天然胶原蛋白时，喝了这款汤后立即决定要长期饮用，为了补身兼美丽，当然是用力喝啦！果然，现在我的肌肤水分很多耶。

63

说明药材食材名称与煲汤分量，皆以3~4人份为主，若只煲1~2人份请斟酌分量。2

介绍制作流程。4

专业说明汤品材料的功效，资料来自中医书籍。5

煲汤达人吴吉琳的客人推荐。6

【中医师小档案】姜劭仪

【学历】“中国医药大学”学士后中医学系、台北医学大学医事技术学系

【经历】台北市骐安中医诊所院长、前大唐中医诊所院长、前台北市立联合医院医师、妈咪宝贝专栏医师

【博客】http://drjsy.blogspot.com/

CONTENTS

目　录

CONTENTS

目　　录

CONTENTS

目　　录

CONTENTS

目　录

CONTENTS

目　录

煲出好汤9大原则

火候、食材、兑水步骤一项都不能少！

港式煲汤可以滋补身体，主要是结合温补中药材与食材，可润五脏，增强身与体质健康，使气色红润，且药材与食材的配搭更少有中医书所说的“君臣相克”问题。唯有在处理汤品材料时较为繁琐，但这可是煲出好汤的重要诀窍，首先要了解港式煲汤的9大原则，抓住烹调前的大方向，最后只需将所有料理一起放入锅中煲上数小时，每天即可与家人一同享用健康可口的美味汤品！

原则一：汤头动物类蛋白质最佳

煲汤汤头一般多选用生鲜鸡、鸭、猪瘦肉、猪脚、猪骨、鱼；腌制类的火腿、板鸭等，它们拥有丰富的蛋白质、氨基酸，经长时间煲煮，肉食中的肌球蛋白、肌酸等含氮浸出物会进入汤里，使汤头味美鲜香，省去放调味的步骤。

原则二：食材入锅前的准备

食物和药材虽然一次下锅，但下锅前是否处理好决定了汤的口感好坏，鸡肉要去皮减少油脂融于汤中；猪肉若嫌瘦肉不够润，可选半肥半瘦的煲一小时便滑嫩可食。鱼类则先用油把鱼两面煎一下，鱼皮煎至金黄定形，就不易碎烂，不会有腥味。

原则三：药材也需过水清洗

中药材经过干燥、暴晒与保存后制成，可能会蒙上灰尘，最好先以冷水冲洗，或浸泡多次，但不宜冲洗过久，避免流失水溶成分。建议有些药材不要一次买太多，用不完放冰箱保存最佳，煲汤时再依家人或个人需要随时添加入汤品中。

原则四：食材药材搭配适宜

食物与药物一样，混合烹调也有固定的搭配模式，让身体能获得更多的营养补充。因煲汤是为了日常养生，所用的中药材为温补类型，如茯苓、红枣、淮山药、党参、桂圆等，与不同蔬菜肉品组合性高，并发挥不同功效，达到养身目的。

原则五：锅具土制煲出绝佳好味

瓦锅是公认效果最佳的煲汤锅具，近几年来科技更进步，更选用不易传热的石英、黏土等原料调和的陶土高温烧制而成，具通气佳、传热均匀、散热慢等优点，在煲汤时能均衡持久地将外界热能传达至内部，有利于水与食材相互渗透，释放出汤头的鲜美。

原则六：掌握煲汤的文武火候

火候是煲汤时的重要步骤，虽说煲汤放食材没有一定顺序，但火力的大小控制却至关重要，大火（武火）主沸、小火（文火）为煲，长时间以文火煲，才能释放食品内的蛋白质、氨基酸等鲜香物质，使汤头清澈浓醇。

原则七：冷水与食材同时入锅

煲汤可选用配透明玻璃盖的锅具，食材与冷水一起入锅，水要一次加足并盖住所有食材，在水未滚开前先搅拌食料避免黏锅底，水滚后每隔半小时看一次。有些汤品需中间加入食材，以最短时间处理即可；若真的不小心煲过头必须加水，请一定要加热水。

原则八：调味用料不宜过多

煲汤以释放食材药性与原味为重点，像姜、葱等调料多是为肉食去腥，或为汤头增加热性；重口味则添加鸡精或香菇精增加鲜美度。一般人会在做料理中放盐，港式煲汤则在最后才放少许盐调味，目的是将食材原味吊出，使肉食释放全部蛋白质，令汤头更加鲜美。

原则九：煲汤时间掌控

煲汤有所谓的“三煲四炖”，是指煲汤最多三小时，炖汤最多四小时，否则汤中氨基酸类营养会经过过长加热而变质，养分变相流失。汤中所使用的肉食也影响煲汤的时间点，像煲鱼汤为一小时左右，煲鸡、排骨则为三小时左右。但因香港煲汤前的准备工作繁琐，所以一般制作过程约一天时间。

解开传闻中“锅气”之密 锅具篇

要 煲 好 汤 先 学 用 锅

“工欲善其事，必先利其器”，大家都知道港式煲汤少不了各种丰富的中药与食材，但汤品煲煮的关键却在于一只“好锅”，将药食精华全部释放出，浓缩在这一锅汤内，而最重要的是：如何选锅、养锅，以及善用锅具的火候与掌控时间！

煲汤锅具选择

在厨房，好的锅具可以煮出绝佳料理，不适合的锅具可能会让你白费功夫。

对香港家庭来说，他们代代传承煲汤经验，看来繁琐的流程早已信手拈来；而在不同地域的台湾而言，煲汤的准备工作，光是先弄清楚要准备的温补中药材，就要跑不同的中药店，选齐后和食物一起处理好放入锅中，直接将大锅放到炉上，以大火煲滚后，再以小火煲透，才能煲出鲜香浓郁的美味汤品。

香港家庭煲煮的分量是以全家人计，最少是三至四人份。厨房里备好的锅具容量出现5升(家人专用)到10升(过年宴客)都不稀奇，随时代进步，厨具材质也更科技化，陆续出现老式瓦锅、现代陶锅、不锈钢锅、焖烧锅，以及欧美的玻璃陶瓷锅，虽然锅具越来越坚固，但不同材质结构的锅却改变了煲汤的时间与流程，“锅气”也大不相同。本篇即针对适合煲汤的锅具特色一一分析，助你轻松掌握，煲出美味好汤！

精彩煲汤就靠它！

过去煲汤都以瓦锅为主，因为瓦锅有孔，焖煮时锅内热气对流，能将放进去的药材食材，煲出汤色浓郁、营养丰富的鲜汤。缺点是瓦锅容易破裂，耗损率高（据闻香港的老一辈主妇至今仍非常推荐瓦锅）。

随着时代进步，香港主妇们也开始选质地细腻、内壁同样有孔隙，且洁白无釉的砂锅，其传热性、密封性和对流性不输瓦锅。新买的锅第一次先用来煮粥，或是锅底抹油放置一天后再洗净煮一次水，完成开锅手续后再来煲汤。

注意事项：

1. 市售砂锅为使卖相好看，外表会上彩釉，劣质砂锅的瓷釉中更含有少量铅，煮酸性食物时容易被溶解出来渗入食物中，危害人体健康。
2. 紫砂锅为新兴煲汤器具，真的紫砂通气性佳，含铁等微量元素。但市场上也有添加化工原料色素的假紫砂，长期使用会对人体有极大的伤害。

【陶锅】

陶锅是使用土壤制作的，古人烹煮时以炭火加热产生远红外线，经过陶瓷的过滤后远红外线会使锅内中药或食材效果突显。一些锅具品牌更运用先进科技制作陶锅，加强锅具本身材质的牢固，提升焖烧功能与远红外线效果。开锅方式与砂锅相同，选素面不上釉者为佳。

如果家中没有砂锅或陶锅，也可选不锈钢锅，起床后就先煮，待出门前将汤放入焖烧锅（或免煮锅），下班回家再放在炉上煮一小时左右即可关火，放盐调味即可。

【砂锅】

【焖烧锅】

【不锈钢锅】

注意事项:

1. 不锈钢锅受热快但散热也快，且锅气比砂锅等土制锅更少了两至三成，因此煲汤不作为首选锅具。
2. 不建议选铝锅，长期放在火上煲煮易释放出毒性，对人体有害。

港汤养生诀窍 锅底篇

温补药——食材中调节体质第一名

平衡体质的温补药材

A 矿物性

A: 珍珠粉

多为淡水珍珠加水磨成细粉，甘咸性寒。能清肝明目、镇心安神、润肤。

A: 龙骨

为化石矿物，味甘涩性平。主镇静安神、平肝潜阳、收敛固涩的功效。

参考书目

1.《食疗中药》【万里机构出版】
2.《中国药材学》【国立编辑馆出版】
3.《中国药膳学》【文光医学丛书】
4.《本草纲目》【李时珍著】

B 植物性 /参类

B: 北沙参

珊瑚菜的干燥根，先去泥沙后以沸水去外皮晒干。味甘苦性微寒，养阴清肺，益胃生津。

B: 人参

味甘微苦性微温，自古为元气大补、补肺益气、益阴生津之珍贵药材。

B: 党参

性味甘平，桔梗科植物根部干燥制成。主补中益气、调和脾胃、生津益肺。

药材与食物皆分成寒、热、温、凉、平性，对健康的人体来说大热或大寒都不适合，保健煲汤因此都使用温补性平的料理为锅底，达到平衡体质的目的。而最常使用的药材或食材有哪些？调理身体的功效如何？

C 植物性 / 果实类

C：陈皮

植物橘的干燥果皮。味辛苦性温，理气健脾、燥湿化痰。

C：罗汉果

以果实入药，性凉味甘。具清热润肺、化痰止咳、润肠通便等功效。

C：枸杞子

性温味甘酸，含大量多糖与维生素，自古就被用于补养肝肾、明目、补虚劳、强筋骨等用途。

C：五味子

果实成熟时采取晒干，性温无毒，主敛肺滋肾，生津敛汗，涩精止泻、宁心安神。

C：火麻仁

为大麻果实除去杂质晒干后的种子。味甘性平，可润燥滑肠。

D 动物性

D: 龟板

乌龟的背甲及腹甲晒干，性味甘平。主滋阴养血、补心益肾、健壮筋骨。

E 植物性 / 真菌类

E: 茯神

茯苓中切去白茯苓后，选茯苓中有松根去除杂质晒干。主治略同茯苓，但茯苓多入脾胃，茯神多入心。可益智安神。

E: 茯苓

寄生松树根的真菌，味甘性平。利水消肿、健脾和中、宁心安神。

E: 灵芝

自古视为仙草，性平味苦。入五脏，补全身之气。有扶正固本，增强免疫力，保肝解毒等保健功效。

F 植物性 / 根茎叶类

F: 玉竹

根茎含黏多糖，性味甘平，滋阴润燥、益胃生津。

F: 淮山药

山药炮制而成，性味甘平。可补脾胃、益肺滋肾。

F: 当归

以根入药用烟火熏干切片，性温味甘辛苦。调经补血、活血止痛、润肠。

F: 黄芪

取根部干燥，味甘性微温，主利水消肿、补中益气、平喘养肺。

F: 茅根

呈细长圆柱形，有节。性寒味甘，是常用的清热止血药。

F: 远志

以根入药，味苦性温。可宁心安神、利心窍、通气血。

F: 天麻

有赤箭、离母等别名，使用植物块茎制成，性平味甘微辛。益气、健脑、安眠、降血压等功效。

F: 石斛

以茎入药，性寒，味甘淡。有养阴益胃，生津止渴的功效。

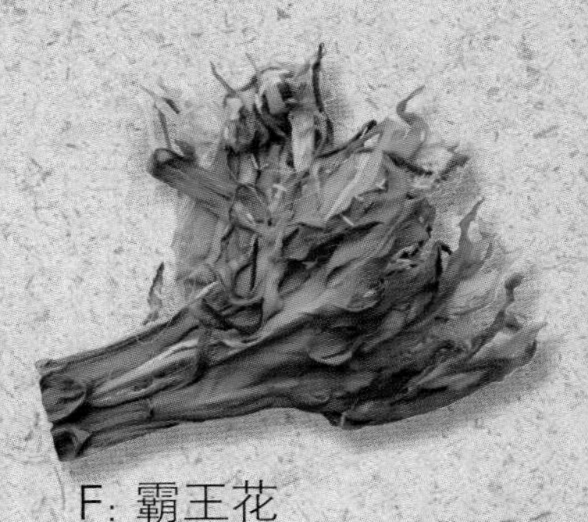

F: 霸王花

形似昙花，味甘凉，煲汤后味清香甜滑，具清心润肺、止咳的作用。

F 植物性 / 根茎叶类

F: 飞天蠄螃

又名龙骨风，多年生树形蕨类。性平味微苦，主化湿活血、清热止咳。

F: 五指毛桃

又名五爪龙，以根入药，味甘性微温。补脾益气、去痰平喘、健脾化湿。

F: 白芷

草本植物，根晒干后切片，性温味辛微甘。祛风解表，通窍止痛，燥湿止带。

F: 石菖蒲

菖蒲根茎去叶、须根及泥沙晒干使用，性平味辛苦，主开窍宁神、化湿和胃。

F: 甘草

性平味甘，有补中益气、祛痰平咳、清热解毒、缓急止痛、调和诸药等功效。

F: 益母草

性微寒味辛苦，活血调经，利水消肿痛，也可用于跌打损伤、皮肤痒疹等。

F: 牛膝

怀牛膝偏于补肝肾强筋骨，川牛膝偏于活血散瘀。属味苦酸平性质。

F: 鸡骨草

又称大黄草，干燥全草去杂质后用，性凉味甘苦，清热利湿、健胃补脾、补肝。

F: 川芎

取川芎根茎清洗，晒后烘干去须根使用，味辛性温，行气开郁、活血止痛。

F: 葛根

为藤本植物野葛根，采挖后切片晒干，性凉味甘辛，主解肌退热、生津止渴。

F: 川贝

百合科植物的干燥茎。味苦甘性微寒。清热化痰、润肺止咳。

F: 何首乌

生首乌善解毒消肿、润肠通便。炮制首乌味甘滋阴，养肝益血、乌须发、壮筋骨。忌葱、蒜、铁器。

F: 杜仲

取自杜仲树的干燥树皮，性味甘微辛温，补肝肾、强筋骨、安胎。

F: 田七

又名三七，性温味甘略苦，可散瘀止血、消肿定痛。

G 植物性 / 根茎类

G：莲藕

生鲜藕性寒，煮熟后转微温。清热凉血、生津解渴。

G：白萝卜

形似人参功效却相反，味甘辛性凉。主清热、助消化。

H 动物性 / 海味

H：花胶

取深海鱼的鱼鳔制成（即鱼肚），味甘咸性平。主补益肝肾、益精明目。

H：鱼翅

以鲨鱼鳍制成，多为炖补大菜之食材。

H：a–瑶柱 / b–元贝

即干贝，有海鲜极品之称，性味甘平。主滋补肝肾、滋阴降压。（同科不同种）

H：鲨鱼骨

鲨鱼骨，味咸性平。主滋阴润肤、补充骨胶原。

H：鲍鱼

有丰富蛋白质，明清时为八珍之一，味甘咸性平。主滋阴润燥、养肝补肾、平衡明目。

H：响螺

海螺肉味甘性。有明目、开胃消滞、滋补养颜功效。

G: 胡萝卜

营养丰富，榨汁、入菜皆可，味甘性平。主健脾润肤、健胃消滞。

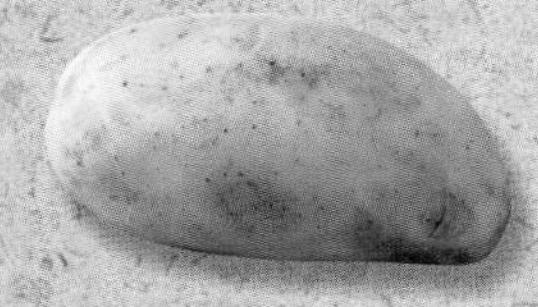

G: 马铃薯

含大量氨基酸、食物纤维，健脾养胃、预防便秘。

G: 百合

味甘微苦性微寒。主润肺止咳、清心安神。

I 植物性 / 瓜类

I: 南瓜

肉色金黄、味甘性温。主润肺益气、益肝、化痰。

I: 冬瓜

味甘淡性寒凉。主清热解毒、去水、止渴除烦。

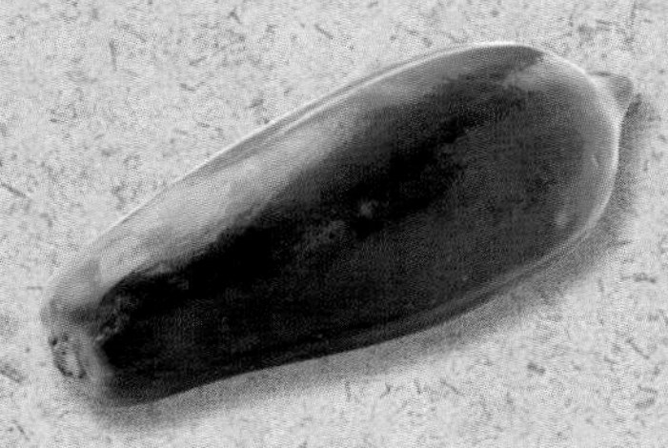

I: 青木瓜

味甘性平。滋养消食、舒筋活络、润肠生津。

I: 佛手瓜

味甘性微寒。含丰富胶原蛋白，可美肌润肤、促进肠胃蠕动。

I: 葫芦瓜

即瓠瓜，味甘性平。主解热、利尿、消肿。

J 植物性 / 食用菌类

J: 冬菇

味甘性平。益胃，降低血清脂质。

J: 栗蘑

又名灰树花，味甘性平。主清热、渗湿、水肿。

J: 姬松茸

含多糖体，能调整体质、养颜润肌。但嘌呤含量高，痛风患者宜控制。

J: 茶树菇

长于茶树上得名。主滋阴补阳、健脾养胃。

J: 白背木耳

一面为白色，煮熟后变全黑。主利五脏、降血脂。

J: 猴头菇

自古为与熊掌齐名的山珍，性平，利五脏、助消化、滋补，调理消化器官。

J: 竹荪

寄生在枯竹根部的隐花菌类，形似网状干白蛇皮，性味甘平。可滋补脾胃。

J: 银耳

雪白光滑，薄而略呈半透明，口感脆又滑溜。清热润肺、滋阴润燥。

K 植物性 / 豆类

K: 赤小豆

外形似红豆细长条，宜入药，味甘性平。主补血、消肿、利尿、健脾胃。

K: 黑豆

高蛋白食品，味甘涩性微寒。可去水消胀、滋阴补血、益肝肾、健脑益智。

K: 眉豆

又称米豆、饭豆，味淡涩性平。主健脾化湿、利水。

K: 黄豆

内含卵磷脂与蛋白质养分，味甘性平。主健脾益胃、润燥消肿。

K: 绿豆

绿豆的药用价值极高，味甘性寒。主清热解毒、调五脏、润皮肤、润喉止渴。

K: 腐竹

黄豆制品，氨基酸含量高，可降低高血脂。

K: 红豆

又名相思子，高蛋白食材，味甘性平。主补血、消肿、健脾止泻。

L: 薏仁

具丰富蛋白质，味甘淡性微寒，主健脾清热、排水利尿、美白退火。

L: 南北杏

南杏性味甘平，润肺止咳、润肠通便。北杏性味苦温，止咳平喘、润肠通便。

L: 无花果

肉质松软，浆果甜美，性味甘平。主开胃健脾、润肠助消化。

L: 桂圆

味甘性温。可补益心脾、养血安神。

L: 红枣

味甘性温。补气健脾、补血安神。

L: 花生

含多种维生素，味甘性平。健脾开胃、理血通乳、润肺利水。发霉的花生忌食。

L: 山楂

性温味微酸，消食化积，行气散瘀。胃肠虚弱者、孕妇忌用。不宜与人参同服，因为一个是补气，一个是破气。

L: 蜜枣

味甘性温。主补气、止咳润肺、去痰平喘。

L: 白莲

味甘涩性平，有益肾固精补、脾止泻等功能。

L: 葡萄干

又名提子，干燥后可生食或入菜，主补血，易被身体吸收。

L: 白果

味甘微苦，有小毒。可调理肺气、定咳喘、止带浊。

L: 菱角

为凉性食物，味甘辛性平，补五脏、清热解毒、补脾胃、健力益气。

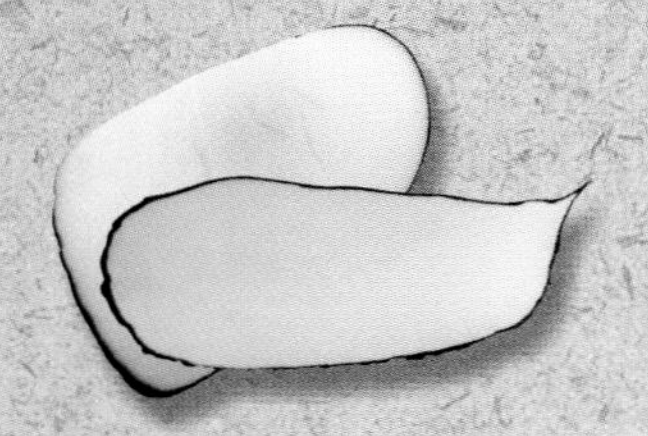

L: 海底椰

产于非洲塞舌尔群岛的陆地，20年才会开花结果，可润肺补肾、养颜美颜。

L: 红莲子

无香味、皮稍涩，味甘涩性平。养心益肾、补脾涩肠。

L: 核桃

胡桃科植物，味甘性温。主补脑养肌、温肺定喘、润肠通便。

L: 玉米 / 番茄

玉米是粮食之一，可降血脂以及健脑。番茄味酸性平。主清热解毒、消暑止渴、平肝、维持皮肤健康。

L: 苹果

苹果性平，有补心润肺、生津润肠、益气和胃的功效。

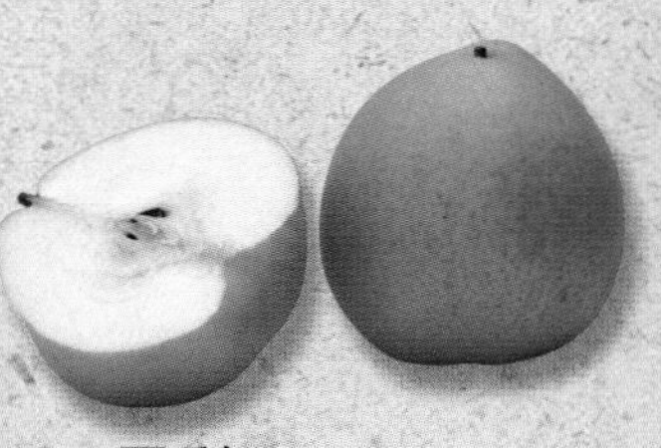

L: 雪梨

雪梨又名香梨，味道微酸，入汤有润肺止咳、养胃生津的功效。

M 植物性 / 花叶类

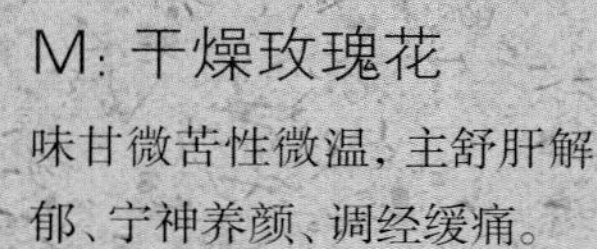

M：干燥玫瑰花

味甘微苦性微温，主舒肝解郁、宁神养颜、调经缓痛。

M：黄花菜

萱草的干燥花蕾晒干，性甘味凉，主消肿退火润肺。

煲汤Q&A

煲汤要注意哪些细节，才能煲出营养充足的鲜美好汤？

Q：光靠文武火就能煲好汤？

A：火力若细分，武火即大火，适用快速烧滚；中火为文武火，介于大火与小火之间，有些烹煮会用此火；小火即文火，缓慢地加热同时防止烹煮食物的锅气散出。微火是最小的火，在汤滚沸后转成微火，可长时间将食材煮到溶化，既能维持鲜味，又不怕烧坏锅底。

Q：“花胶”要如何处理？

A：富含胶原蛋白，以深海鱼的鱼鳔制成的花胶属干货，发开流程：先于锅中放水，放些许葱、酒、油煮滚，然后放入花胶，煮十分钟，熄火盖锅焖四小时，洗净再用清水泡两小时，洗净沥干备用。

Q：煲汤的火候要如何控制？

A：火候大小是煲汤的关键，一开始一定要高温炖煮，特别是使用有骨髓的肉类食材时，先用大火将血水、浮沫等杂质逼出，以免汤汁混浊，待沸腾后调至接近炉心的文火慢慢熬煮。切忌火力不要忽大忽小，这样易使食材粘锅，破坏汤品的美味。

Q：肉料的处理？

A：煲汤前有一道极重要去肉食腥味的“飞水”工序，肉要大块或不切，这样放在流动的水中冲洗，不会流失鲜味与营养，同时去除血水、杂质，使肉松软。冲净后再浸泡约一小时，取出氽烫，还能去除油脂。最后将氽烫好的肉食、与

M：玉米须

玉米的花柱与柱头，性微寒味辛涩。主利尿去湿、清肝利胆。

M：荷叶

炮制后的荷叶味苦微咸性凉。主散瘀血、利湿解热。

M：西洋菜

又称水田芥菜，欧洲曾作药用，味甘性微寒。主润肺化痰。清燥润肺。

其他调料和冷水一起下锅。

Q：为什么餐馆喝的鱼汤、肉汤都像奶汁般，感觉很补，可是自己在家煲汤总做出不来此效果？

A：重点是要油水充分混合才能有奶汁般效果，做肉汤时要先用大火煮开，然后再用小火煮透，最后再改用大火煲煮；做鱼汤时要先用油将鱼煎透，然后加入沸水用大火煮。这样汤头就有奶汁色泽了。

Q：煲汤虽然滋补，但肉食多是放一整只鸡或一大块排骨，汤头熬煮很肥腻，有办法再降低热量吗？

A：港式煲汤选肉料都会先做一道手续，即处理鸡鸭时会去皮去油，猪肉选全瘦肉。因家禽皮熬化都是油脂，不是一般人所想的胶原蛋白，唯有对女性有极滋补功效的乌鸡，则保留鸡皮随汤煲煮。即使之前去皮和只用瘦肉，汤头仍有些许浮油，可在汤煲好冷却后用勺捞去浮在汤面的油脂后再加热煲滚，或用滤汤容器分隔汤面浮油。

Q：饭前喝还是饭后喝好？

A：因汤是由肉食类等精华浓缩，热量也不算低，饭前喝汤是让消化器官先做润滑，帮助食物顺利下咽；用餐之中喝汤，可使食物稀释，胃肠更好吸收消化。饭前喝汤也能使胃部先有饱足感，降低想大吃的欲望，避免吸收过多热量。若已吃饱饭再喝汤，营养与热量会在不知不觉中增加，因此才有“饭后喝汤易胖”的说法。

改善用脑过度、精神紧绷的私房汤品

Soup

01 五味子核桃糊

02 花胶鱼翅瑶柱姬松茸煲鸡

03 鲍鱼沙参玉竹栗子冬菇煲鸡

04 黑豆灵芝茶树菇白背木耳煲鸡

05 灵芝淮杞桂圆煲鸡

06 元贝茯神麦冬百合煲瘦肉

07 黄花菱角花生玉竹煲唐排

08 鲨鱼骨莲藕红莲茯神煲鸡

09 海参瑶柱虫草煲鸡

10 玫瑰百合红枣茶

给用脑过度、精神紧绷者的健康叮咛

现代社会节奏快，竞争激烈，凡事讲求效率，加上人际关系的微妙复杂及社会经济等多变因素，因此大多数现代人生活当中压力都不小。用脑过度、精神紧张是最常见的问题。

常见问题：
头痛、筋骨酸痛、胃肠不适。

五味子核桃糊

01

做法

核桃……………100克
五味子…………15克
蜂蜜……………2汤匙

1. 将核桃仁和五味子放入搅拌机磨成粉末备用。
2. 锅里加1碗清水，放入粉末，不停搅煮十几分钟，收火加2汤匙蜂蜜即可。
3. 每日1次，睡前2小时空腹服更佳。

【补脑养气温肺润肠】

核桃补脑养肌、补肾固经、润肠通便；五味子滋肾敛肺；蜂蜜补中益气、调胃养脾。用脑过度、心神疲惫者适饮。

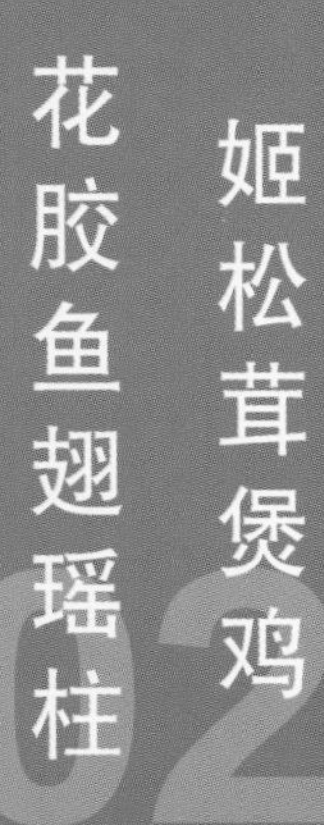

02 姬松茸煲鸡 花胶鱼翅瑶柱

花胶……………100克
鱼翅………………25克
金华火腿…………50克
瑶柱………………3颗
姬松茸……………10颗
红枣………………10颗
桂圆………………25克
姜…………………2片
鸡肉半只或一只

注解：姬松茸，即巴西蘑菇。

【滋阴益肾利五脏】

花胶滋阴补肾益精，富含天然胶原蛋白；鱼翅益气养胃补五脏，能提升免疫力。虚弱疲惫、食欲不振、免疫力低弱者适饮。

做法

1. 锅中加水，放入些许葱、酒、油煮滚，放入发好的花胶煮10分钟，熄火盖锅焖4小时，取出洗净，再用清水泡2小时，沥干备用。

   小叮咛：花胶因发制需要时间，在香港家庭，一般妈妈都会一次多发几条，然后一条条用塑料袋逐个包起，放在冷冻室备用。

2. 鱼翅洗净沥干水分，将姜、葱、酒煮沸，放入鱼翅煨5分钟取出，弃姜葱，沥干水分。鸡剖洗干净，放入滚水内5分钟，斩成大块洗净备用。（避免汤过油可先去鸡皮）
3. 瑶柱用清水浸透撕开备用；红枣去核与桂圆洗净备用。姬松茸浸透发开洗净；金华火腿用清水洗净，沥干备用。生姜洗净，刮去姜皮切片备用。
4. 锅中放入约3000毫升清水，将所有材料放入锅中，用猛火煲至水滚，改用文火续煲3个小时左右，关火放入适量盐调味即可。

汤品分析

此汤品无中药，主要以海味与肉食煲煮，冬天加入姜、红枣、桂圆，能暖胃散寒。

疲累时来一碗犒赏自己

1111人力银行营销总监 张雅婷：

每天都在公司忙到昏天黑地，不能按时吃饭，火气又大，脾气都跟着暴躁了起来。此汤乍看怎么黑乎乎的，但一入口所有鲜味涌入口中，喝完之后感觉精神、体力明显提升许多……你也来一碗吧！

03 栗子冬菇煲鸡 鲍鱼沙参玉竹

鲍鱼…………………1只
沙参………………25克
玉竹………………25克
冬菇…………………8朵
栗子……………100克
金华火腿…………50克
鸡肉半只或一只

做法

1. 冬菇去蒂，用清水浸透发开洗净备用。
2. 鸡剖洗干净放入滚水内 5分钟，斩成大块洗净备用。（避免汤过油可去鸡皮）
3. 鲍鱼洗净，将姜、葱、酒煮沸，放入鱼翅煨10分钟取出，弃姜葱，沥干水分。
4. 鲜栗连壳放入滚水中煮10~20分钟，锅盖盖紧，待水变温，用刀在栗子上画十字，用手剥开栗子肉即可。干栗用热水浸软，以牙签剔除皮屑洗净备用。
5. 沙参、玉竹、金华火腿用清水洗净后，沥干备用。
6. 锅中放入约3000毫升清水，将所有材料放入锅中，用猛火煲至水滚，改用文火续煲 3个小时，关火放入适量盐调味。

【滋阴补肾强精益胃】

鲍鱼滋肝补肾；沙参润肺益胃；玉竹滋阴润燥；栗子厚肠胃益肾气；冬菇益胃降血脂。此汤适合肝肾不佳，长期工作疲惫的人喝，一家大小皆可饮用。

04 白背木耳煲鸡 黑豆灵芝茶树菇

【宁神健胃益气活血】

灵芝提高免疫力；茶树菇滋阴补阳、抗衰老；白背木耳清血管降血脂；黑豆滋阴补血；桂圆养血安神。气血不足、体虚、失眠者适饮。

做法

灵芝……………… 25克　黑豆……………… 100克　鸡肉半只或一只
茶树菇…………… 50克　桂圆……………… 25克
白背木耳…………… 1朵　蜜枣………………… 4颗

1. 黑豆洗净沥干，热炒锅不用油，放入黑豆炒至皮壳爆裂，熄火盛起备用。
2. 鸡剖洗干净，放入滚水内 5分钟，斩成大块洗净备用。(避免汤过油可先去鸡皮)
3. 灵芝切片或拍碎；桂圆、蜜枣清水洗净备用。
4. 白背木耳用清水浸泡软透，中间需更换清水3~4次以去除杂质和味道。
5. 茶树菇用清水浸泡清洗，反复3~4次水色略清即可。
6. 锅中放入约3000毫升清水，将所有材料放入锅中，用猛火煲至水滚，改用文火续煲 3个小时左右，关火，放入适量盐调味。

汤品分析

《本草纲目》中记载，灵芝能“益心气，增智慧，久食轻身不老，延年神仙。”灵芝在《神农本草经》中被列为上品。现代医学也证明，灵芝能扶正固本，增强免疫力，保肝。

冬天养生预防疾病汤品

艺人经纪 董品岑：
每到歌手发片或艺人通告满档时，我总是忙到无法好好休息。有时回到家还要继续加班，特别是冬天，半夜回到家隔天起床一定会鼻塞不适。这时候我都会喝上一碗灵芝汤，为隔天的能量加倍补给，令我每天神清气爽地起床，你一定也要来一碗喔。

05 桂圆煲鸡 灵芝淮杞

灵芝……………25克
百合……………50克
淮山药…………25克
红枣……………10颗
枸杞……………50克
桂圆……………25克
蜜枣……………4颗
鸡肉半只或一只

做法

1. 红枣去核洗净备用。小叮咛：红枣去核可使其不会过燥，性较温。
2. 鸡剖洗干净，放入滚水煮5分钟，斩成大块洗净备用。（避免汤过油，去鸡皮入锅煲）
3. 所有材料用清水反复洗净3~4次后，沥干备用。
4. 锅中放入约3000毫升清水，将所有材料放入锅中，用猛火煲至水滚，改用文火续煲 4个小时，关火，放入适量盐调味。

【安神养气明目强身】

灵芝可以提高免疫力；淮山药补脾益胃；红枣补血宁神；百合润肺安神；枸杞益精明目。失眠、心悸、心神不宁、压力大者适饮。

06 元贝茯神麦冬百合煲瘦肉

【滋阴益肝肾养胃宁神】

元贝滋阴补肝肾；茯神养神定心；百合润肺止咳；麦冬润肺清心；淮山药补脾益胃。肺虚胃弱、烟酒过多、心烦难眠者适饮。

做法

元贝……50克	麦冬……25克	淮山药……25克
茯神……10克	沙参……25克	桂圆……25克
百合……50克	玉竹……25克	猪瘦肉……250克

1. 元贝清水洗净，浸泡半天，连水倒入锅中煲。
2. 猪瘦肉入滚水汆烫 5分钟，不用切块，洗净备用。
3. 所有材料用清水反复清洗3~4次，沥干备用。
4. 锅中放入约3000毫升清水，将所有材料放入锅中，用猛火煲至水滚，改用文火续煲 3个小时左右，关火，放入适量盐调味。

汤品分析

麦冬性味甘，微苦寒，沙参甘苦微寒，都能养阴润肺、益胃生津。禁忌：气弱胃寒者忌用麦冬，寒性咳嗽者勿用沙参。

玉竹性味甘，微寒，能养阴润燥，生津止渴。经常熬夜的人容易阴虚，除了早点上床睡觉之外，还可以多补充滋阴、养阴之品。

烟酒伤害要调肺

唱片工作者 水丸子：

因为工作关系免不了有烟酒应酬场合，长时间下来感觉支气管系统都弱了，加上工作的劳累，没有时间照顾调养身体。这道汤清爽不腻，营养丰富，配合调整生活作息，使我的身体明显强健了许多。

07 玉竹煲唐排 黄花菱角花生

黄花菜……………10克
花生………………100克
菱角………………500克
玉米笋…………250克
玉竹………………25克
百合………………50克
排骨………………250克
香菜………………适量

【清热利水滋阴养胃】

菱角可滋补五脏，有轻身、不饥的功用。黄花菜和玉米笋含有丰富的纤维；百合润肺清心安神。此汤营养丰富，也很适合想瘦身的人喔。

做法

1. 花生洗净浸泡半天备用。菱角去壳取肉洗净备用。玉米笋、玉竹、百合清水重复洗净3~4次备用。
2. 黄花菜泡水30分钟，用手挤出水，用清水重复洗净挤水，重复3~4次，沥干备用。
3. 排骨斩块入滚水，氽烫 5分钟，洗净备用。
4. 锅中放入约3000毫升清水，除菱角、玉米笋、黄花菜之外所有材料放入锅中，用猛火煲至水滚，改用文火续煲 1个小时，再放入菱角、玉米笋、黄花菜煲30分钟，起锅前放适量盐调味，可撒上香菜增色提香气。

客人分享 冬天养生预防疾病汤品

艺术创作者 陈尚平：

为了创作新作品我总是神经紧绷，喝过这碗汤后，当天竟一夜好眠。此汤美味无药味，你也可以试试喔！

08 鲨鱼骨莲藕 红莲茯神煲鸡

鲨鱼骨	25克	茯神	15克
莲藕	500克	百合	50克
红莲子	50克	红枣	10颗
芡实	25克	陈皮	2片
桂圆	25克	鸡肉半只或一只	

【健脾益胃养血安神】

鲨鱼骨补胶强体；莲子宁神益肾；莲藕健脾胃；茯神宁心安神。此汤适合食欲不振、水肿、腰酸背痛、心烦气躁、压力大的人饮用。

做法

1. 鲨鱼骨洗净沥干，将姜、葱、酒煮沸，放入鲨鱼骨煨5分钟取出，弃姜、葱，沥干水分。红枣去核，陈皮泡水软化后刮去内里白色囊筋备用。

   小叮咛：陈皮去囊筋可减燥除湿。

2. 鸡剖洗干净后放入滚水内5分钟，斩成大块洗净备用。（避免汤过油，可先剥去鸡皮）
3. 莲藕不用去皮，用刀背用力略拍后，切成厚块洗净备用。
4. 将余下所有材料用清水洗净沥干备用。
5. 锅中放入约3000毫升清水，将所有材料放入锅中，用猛火煲至水滚，改用文火续煲3个小时左右，关火，放入适量盐调味。

汤品分析

莲子与芡实性味皆为甘涩平，益肾固精，健脾止泻；莲子更可养心宁神；茯神甘淡，利水渗湿，健脾安神；百合性味甘平，润肺宁心，清热止嗽，益气调中；莲藕性味生甘寒，熟甘温。《本草备要》中说道："煮熟甘温益胃补心，止泻止怒，久服令人欢。"看来压力大的人，应该要经常喝此汤！

老板也有水肿问题

乐乐友国际有限公司负责人

王惠玲：

作为老板兼管理者每天被开会、电话、报表缠身，几乎都坐在椅子上，肚子不经意地就胖了。此汤令我水肿情况大有改善，并补充清爽不腻的营养，元气加倍不怕胖，喝了再工作是我持续保持战斗力的法宝。

09 虫草煲鸡 海参瑶柱

浸发海参…………100克
瑶柱…………………3颗
冬虫夏草…………15克
党参………………25克
黄芪………………40克
桂圆………………25克
鸡肉半只或一只

做法

1. 瑶柱洗净，用清水浸透撕开，连浸泡的水一同倒入锅中。
2. 鸡剖洗净，放入滚水内 5分钟，斩成大块洗净备用。（避免汤过油，可先去鸡皮）
3. 海参、冬虫夏草、党参、黄芪、桂圆用清水重复浸洗3~4次，沥干备用。

小叮咛：因虫草日益稀少、价格昂贵，市面上假货充斥，请严选商家认清真品，否则此汤可不放虫草。

4. 锅中放入约3000毫升清水，将所有材料放入锅中，用猛火煲至水滚，改用文火续煲 3个小时，关火，放入适量盐调味。

【补肾益气滋阴宁神】

虫草补肺阴肾阳；海参补肾益精、养血润燥为阴阳双补上品；瑶柱滋阴补肝肾；党参、黄芪补脾益气；桂圆养血安神。此汤适合肾虚肺热者饮用。

10 玫瑰百合红枣茶

百合……………10克
干燥玫瑰花……15克
红 枣……………3颗

做法

1. 红枣去核，洗净备用。
2. 将所有材料洗净，沥干备用。
3. 滚水1000毫升，放入材料煲30分钟即可饮用。

【疏肝解郁益清心】

百合润肺安神；玫瑰促进新陈代谢、宁神润颜；红枣补气血。这是很简单的保健饮品，煮上一壶，对便秘也很有帮助喔！

给用脑过度、精神紧绷者的健康叮咛

解决方案：

作息需正常勿熬夜，减少工作应酬，最好一天睡满八小时，若没法睡足时间，至少在经脉气血循行至肝胆经的时间，也就是晚上十一点到凌晨三点先睡，宁可早点起床也不要熬夜，对忙碌时间不够用、也想要健康的人，也不失为一折中方式。

饮食方面，建议以性味平和为主，忌冰凉、冷饮、烤炸、刺激；减少烟酒、大鱼大肉，增加蔬果类食物，进而提升维生素与纤维的摄取。

改善作息混乱、代谢失调的私房汤品

Soup

11 核桃海底椰南北杏玉米煲鸡

12 玫瑰白湘莲百合银耳煲鸡

13 莲藕葛根赤小豆元贝煲鱼

14 燕窝雪梨银耳牛奶煲瘦肉

15 三瓜瑶柱百合玉米须煲排骨

16 猴头菇荷叶冬瓜瑶柱薏仁煲鸡

17 花胶椰子牛奶木瓜煲鸡

18 佛手瓜无花果白背木耳黄花煲瘦肉

19 螺片葫芦瓜眉豆玉米须煲瘦肉

20 牛蒡芡实百合枸杞萝卜煲排骨

给作息混乱、代谢失调者的健康叮咛

工作忙碌与情绪上的变化格外消耗身体能量，造成体内阴阳气血脏腑失调，身体功能紊乱，特别是女性，除了害怕体力变差，更担心衰老提早到来！

常见问题：
老化、肤色暗沉、水肿、月经异常、内分泌失调、代谢变差等。

11 南北杏玉米煲鸡 核桃海底椰

核桃	100克	胡萝卜	1根
玉米	1根	南杏	15克
海底椰	100克	北杏	10克
芡实	25克	鸡肉半只或一只	

做法

1. 鸡剖洗净，放入滚水内5分钟，斩成大块备用。
2. 胡萝卜削皮，玉米洗净切块备用。核桃、南北杏、海底椰、芡实清水反复多次洗净备用。
3. 锅中放入约3000毫升清水，将所有材料放入锅中，用猛火煲至水滚，改用文火续煲3个小时，关火，放入适量盐调味。

【补脾润肺养颜祛湿】

海底椰润肺补肾；核桃补脑养肌；南北杏润肺止咳；胡萝卜健胃消滞；玉米清热利湿。用脑过度、支气管虚弱、体热火气大者适饮。

12 玫瑰白湘莲百合银耳煲鸡

【宁神润颜润肺益心】

玫瑰安神；百合宁心；白湘莲益肾固精；红枣补气血；桂圆补脾养血，有调理女性代谢美颜的功效。

做法

玫瑰……………15克　桂圆……………25克　鸡肉半只或一只
白湘莲…………50克　红枣……………10颗
百合……………50克　银耳……………25克

1. 红枣去核，洗净备用。
2. 银耳用清水浸透发开，淘洗干净备用。
3. 鸡剖洗净，放入滚水内5分钟，斩成大块洗净备用。（避免汤过油，可先去鸡皮）
4. 将玫瑰、湘莲、百合、桂圆洗净备用。
5. 锅中放入约3000毫升清水，将所有材料放入锅中，用猛火煲至水滚，改用文火续煲3个小时，关火，放入适量盐调味。

汤品分析

玫瑰花性味甘温，理气行血，对于肝气郁结的女性非常适合。桂圆与红枣性味甘平，能补益心脾、养血安神，帮助女性调理气血。

白里透红的美丽素颜

家庭主妇 卢玉英：
随着年龄增长，虽知保养要由里而外，但总操烦家务没时间，喝过此煲汤后，汤品顺口通体舒畅，效果极佳！

13 莲藕葛根赤小豆元贝煲鱼

葛根……………100克
赤小豆…………100克
莲藕……………500克
元贝……………50克
金华火腿………50克
鲮鱼(或鲤鱼)……1条

做法

1. 莲藕不用去皮,用刀背用力略拍莲藕后,切成厚块洗净备用。元贝清水洗净浸泡半天,连水倒入锅中煲。
2. 葛根、赤小豆、金华火腿洗净备用。
3. 鱼用酒、盐腌约20分钟,锅里倒热油,放入姜片略爆炒后,放入鱼煎至两面金黄盛起备用。
4. 锅中放入约3000毫升清水,将所有材料放入锅中,用猛火煲至水滚,改用文火续煲 3个小时,关火,放入适量盐调味。

【养血健脾清热消肿】

莲藕养血;葛根除烦;赤小豆利水;元贝滋阴。适合气血不足、心烦、身体疲惫、没食欲者饮用,孕妇水肿也可饮此汤!

14 牛奶煲瘦肉燕窝雪梨银耳

燕窝……………………50克
银耳……………………25克
雪梨……………………2个
牛奶……………500毫升
瘦肉…………………250克

做法

1. 燕窝用清水浸透，漂洗净备用。
2. 银耳用清水浸透发开，洗净备用。
3. 雪梨用清水洗净后去蒂、去心，切成块状备用。猪瘦肉入滚水汆烫5分钟，不用切块，洗净备用。
4. 将银耳、雪梨、瘦肉放入炖盅内，放入可覆盖所有材料的清水，炖盅外锅放入适量清水，猛火煲至水滚，改用文火续煲 3个小时，再放入燕窝与牛奶续炖一个半小时，饮用前加盐调味。

【养阴润燥生津润肺】

燕窝润肺补肾；雪梨清热润肺；银耳滋阴润肺，有平民燕窝美誉；与牛奶同煲滋阴养肌，温润养颜。支气管不佳、熬夜、烟酒过多者适饮。

玉米须煲排骨
三瓜瑶柱百合

15

【美肌润肤润肠利湿】

佛手瓜美肌润肤；葫芦瓜利尿消肿；
瓜润肠生津；玉米须利湿降血压血糖；
瑶柱滋肝补肾。肌肤干燥、久坐下肢
环不佳、两便不通、“三高”人士适饮。

做法

木瓜……………1个	瑶柱……………3颗	蜜枣……………4颗
佛手瓜……………2个	玉米须……………10克	排骨……………250克
葫芦瓜……………1个	百合……………50克	

1. 瑶柱用清水浸透撕开，连水倒入锅中同煲。
2. 木瓜去皮去核切大块、葫芦瓜洗净去蒂切厚片后备用。
3. 佛手瓜洗净对切，去核备用。
4. 玉米须浸泡数回，彻底去除黏的沙与杂质，沥干备用。
5. 排骨斩块入滚水汆烫5分钟，洗净备用。
6. 百合、蜜枣清水洗净备用。
7. 锅中放入约3000毫升清水，将所有材料放入锅中，用猛火煲至水滚，改用文火续煲3个小时，关火，放入适量盐调味。

汤品分析

玉米须性味甘淡平，具有利胆退黄、利水消肿之功效，若久坐办公、下肢水肿，可使用此料搭配饮食使用。

冬天养生预防疾病汤品

艺人经纪 邓怡心：

佛手瓜含有丰富的天然胶原蛋白，喝了这款汤后立即决定要长期饮用，为了补身兼美丽，当然是用力喝啦！果然，现在我的肌肤水分很多耶。

16 瑶柱薏仁煲鸡 猴头菇荷叶冬瓜

猴头菇……………50克
冬瓜………………250克
荷叶………………半片
薏仁………………25克
芡实………………25克
瑶柱………………3颗
鸡肉半只或一只

做法

1. 冬瓜去籽，连皮洗净切大块备用。薏仁、芡实清水洗净备用。
2. 鸡剖洗净，放入滚水内5分钟，斩成大块洗净备用。（避免汤过油，可先去鸡皮）
3. 猴头菇泡水吸水变软后，用手挤水后再重复3~4次，挤干备用。
4. 荷叶用刷子轻刷洗净备用。
5. 锅中放入约3000毫升清水，将所有材料放入锅中，用猛火煲至水滚，改用文火续煲3个小时，关火，放入适量盐调味。

【利水滋阴解燥】

猴头菇利五脏；冬瓜、荷叶、薏仁清热利湿消水肿；瑶柱滋肝补肾。此汤清爽适合水肿肥胖、热气烦躁者饮用。

【养颜润肤润肠生津】

花胶含胶原蛋白；椰子滋补利湿；木瓜润肠。此汤养颜，想更滋润可加“平民燕窝”银耳，让你肤质越来越好！

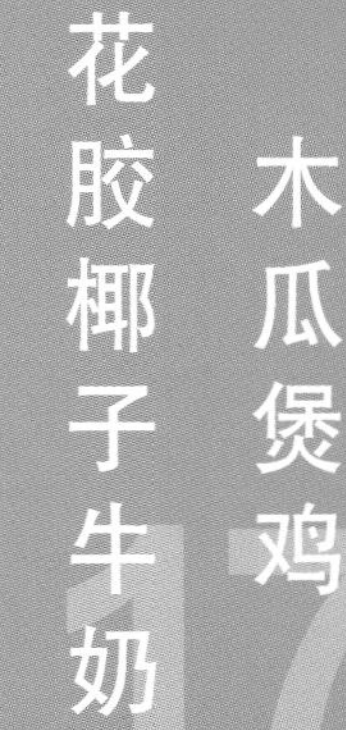

17 木瓜煲鸡花胶椰子牛奶

花胶……………100克
椰子………………1颗
红枣……………10颗
木瓜………………1个
枸杞……………50克
红莲子…………50克
百合……………50克
牛奶…………500毫升
鸡肉半只或一只

做法

1. 红枣去核，洗净备用；木瓜去皮去籽切大块。鸡剖洗净，放入滚水内5分钟，斩成大块洗净备用。（避免汤品过油，可先剥去鸡皮）
2. 锅中放水，放入些许葱、酒、油煮滚，然后放入花胶煮10分钟，熄火盖锅焖4小时，洗净再用清水泡2小时，洗净沥干备用。
3. 椰子剖开取肉取汁备用；枸杞、莲子、百合洗净备用。
4. 锅中放入约3000毫升清水，放入除了椰子汁、牛奶、木瓜之外的所有材料，猛火煲至水滚，然后用文火续煲2个小时，接着放入木瓜煲1小时，再放入椰子汁与牛奶煲半小时，关火，放入适量盐调味。

18 佛手瓜无花果白背木耳黄花煲瘦肉

佛手瓜……………2个
黄花菜……………10克
白背木耳…………1朵
无花果……………8颗
胡萝卜……………1根
金华火腿…………50克
猪瘦肉…………250克

做法

1. 佛手瓜洗净，对切去核备用。
2. 猪瘦肉入滚水汆烫5分钟，不用切块，洗净备用。
3. 黄花菜泡水30分钟，用手挤出水再洗净，重复3~4次，沥干备用。
4. 白背木耳用清水浸泡发起，中间需更换清水3~4次去除杂质味道。
5. 胡萝卜削皮洗净切大块备用。金华火腿、无花果清水洗净备用。
6. 锅中放入约3000毫升清水，将所有材料放入锅中，用猛火煲至水滚，改用文火续煲 3个小时，关火，放入适量盐调味。

【美肌消脂润肠】

佛手瓜美肌润肤、促进肠胃蠕动；白背木耳清血管降血脂；无花果健脾润肠；黄花菜利尿消肿。两便不通、美肌润肤、“三高”人士适饮。

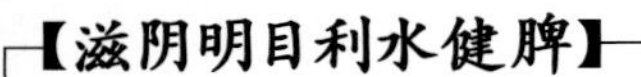

【滋阴明目利水健脾】

螺片滋阴明目；葫芦瓜、玉米须、眉豆利水消肿、降血压血糖；姜解表散寒。用眼过度、压力大、久坐下肢循环不佳者适饮。

19 玉米须煲瘦肉螺片葫芦瓜眉豆

螺片……………………2片
葫芦瓜………………1个
玉米须…………10克
眉豆………………100克
蜜枣…………………4颗
生姜…………………2片
瘦肉………………250克

1. 锅中放水，放入些许葱、酒、油煮滚，然后放入螺片煮10分钟，熄火盖锅焖 4小时，洗净再用清水泡 2小时，洗净沥干备用。小叮咛：螺片也可同花胶一样，一次发泡多一点，放冰箱里备用。
2. 生姜洗净，刮去姜皮，切片。瑶柱用清水浸透撕开备用。猪瘦肉入滚水氽烫5分钟，不用切块，洗净备用。
3. 葫芦瓜洗净去蒂，切厚片备用。
4. 玉米须浸泡数回，彻底去除黏的沙与杂质，沥干备用。眉豆、蜜枣洗净备用。
5. 锅中放入约3000毫升清水，将所有材料放入锅中，用猛火煲至水滚，改用文火续煲 3个小时，关火，放入适量盐调味。

20 牛蒡芡实百合枸杞萝卜煲排骨

做法

牛蒡	250克	百合	50克
白萝卜	500克	枸杞	50克
芡实	25克	排骨	250克

1. 红枣去核，洗净备用。白萝卜、牛蒡削皮切块。
2. 排骨斩块，入滚水汆烫5分钟，洗净备用。
3. 芡实、百合、枸杞洗净备用。
4. 锅中放入约3000毫升清水，将所有材料放入锅中，用猛火煲至水滚，改用文火续煲 3个小时，关火放入适量盐调味。

【清热润肺消积滞】

牛蒡促进肠胃蠕动；芡实健脾祛湿；百合润肺安神；枸杞益精明目；白萝卜清热消食。适合代谢差、失眠、火气大、用眼疲劳、消化不良者饮用。

给作息混乱、代谢失调者的健康叮咛

解决方案：

熬夜与饮食不均都是健康的大敌，更是肌肤老化的重要原因。据一些医学报告指出，熬夜还会造成肥胖！对爱美的女性来说，早睡早起才是美丽的王道，同时一整天精神饱满，不需要依靠彩妆来掩饰泛黑青的眼圈和黯淡肤色。

菜单上剔除高油高糖分的食物，美味多汁的蔬果补充身体所需的维生素。忌冰冷饮品，预防腹部脂肪囤积，多喝热水或红糖水，避免手脚冰冷，港式煲汤是养颜美容的秘密武器。冬天适合多泡澡，只需简单地使用粗盐就能促进体内代谢循环，温暖全身；若没时间泡澡，热水泡脚也有类似功效。

改善应酬熬夜、肠胃不适的私房汤品

Soup

经常应酬交际，熬夜又大吃大喝者，代谢易差，有损多项身体机能。尽可能避免饮食过量，摄取适合的养分。

常见问题：

多种胃肠不适症状、脂肪肝、“三高”（高血脂、高血糖、高血压）等慢性病。

21 鸡骨草元气饮

鸡骨草········200克
蜜枣··············4颗
甘草··············10克

做法

1. 所有材料反复浸泡洗净数次，沥干备用。
2. 锅中放入约3000毫升清水，将所有材料放入锅中，用猛火煲至水滚，改用文火续煲 3小时，关火，放入适量盐调味。

【补血养肝益气润肺】

鸡骨草清热舒肝；蜜枣补气润肺；甘草的天然甜味可提升口感，对肝疲劳损的人很有帮助。加班、应酬，更应喝上一杯。

22 人参当归淮山桂圆煲乌鸡

人参……………………25克
当归……………………25克
淮山药…………………25克
桂圆……………………25克
姜 ………………………2片
乌 鸡 半 只 或 一 只

1. 乌鸡剖洗净，放入滚水内 5分钟，斩成大块备用。
2. 生姜洗净，刮去姜皮切片，与其余材料清水洗净备用。
3. 锅中放入约3000毫升清水，将所有材料放入锅中，用猛火煲至水滚，改用文火续煲 3小时，关火，放入适量盐调味。

【养血活络补元气】

人参补肺益气；当归活血调经；淮山药补脾益胃；桂圆养血安神；乌鸡补血益阴、益眼明目。熬夜、气血不足、精神疲惫者适饮。

霸王花无花果雪梨胡萝卜煲瘦肉

23

【润肺止咳清热通肠】

霸王花清热通肠、除痰理气；无花果健脾润肠；雪梨润肺生津；胡萝卜健脾润胃；南北杏止咳化痰。烟酒过多、熬夜、感冒、肺咳不止者适饮。

做法

霸王花……………50克　胡萝卜………………1根　猪瘦肉…………250克
无花果……………8颗　南杏………………15克
雪梨………………2个　北杏………………10克

1. 霸王花用清水浸泡，清洗数次沥干备用。雪梨用清水洗净之后去蒂去心，切成块状备用。
2. 胡萝卜削皮洗净切大块备用。
3. 猪瘦肉入滚水氽烫5分钟，不用切块，洗净备用。
4. 其余所有材料清水洗净备用。
5. 锅中放入约3000毫升清水，将所有材料放入锅中，用猛火煲至水滚，改用文火续煲3个小时，关火，放入适量盐调味。

汤品分析

霸王花性味甘凉，入肺，具有清热除痰、理气止痛的功效。

此汤具有清心润肺、清暑解热、除痰止咳的作用。

清新口气燥火不见

高科技公司业务经理 王章献：
霸王花据说是煲汤中调身滋阴润肺排毒等重要的一味，像我们烟酒不离身的人最需要喝这味汤调理。此汤可以消除火气、滋润肺部，调理损伤的喉咙。

24 石斛银耳红枣猪肝煲排骨

银耳……………………25克
石斛……………………10克
猪肝……………………300克
姜………………………2片
红枣……………………10颗
排骨……………………250克

做法

1. 红枣去核，洗净备用。
2. 生姜洗净，刮去姜皮，切片备用。
3. 银耳用清水浸透发开，淘洗干净备用。
4. 雪梨用清水洗净后去蒂去心，切成块状备用。
5. 石斛洗净，用刀背用力拍敲，让食材于煲汤时容易出味。
6. 排骨斩块，猪肝入滚水汆烫5分钟，与其余材料洗净备用。
7. 锅中放入约3000毫升清水，将所有的材料放入锅中，用猛火煲至水滚，改用文火续煲 3个小时左右，关火，放入适量盐调味。

【强阴益精养血明目厚肠胃】

石斛补五脏虚劳、养阴益胃；银耳滋阴润燥；猪肝养肝补血；红枣补心血。身体疲劳、肠胃不佳、气血两虚者适饮。

25 南北杏煲排骨西洋菜无花果

【健脾润肠去积热】

西洋菜润肺化痰；无花果滋养消化；南北杏止咳化痰，胡萝卜健胃消滞。此汤适合肠胃虚弱、烟酒过多、支气管疲弱者饮用。

做法

西洋菜	500克	南杏	15克
无花果	8颗	北杏	10克
胡萝卜	1根	排骨	250克

1. 西洋菜用清水浸洗数次洗净即可。
2. 排骨斩块，入滚水汆烫5分钟，洗净备用。
3. 胡萝卜削皮切块后与其他材料洗净备用。
4. 锅中放入约3000毫升清水，将所有材料放入锅中，用猛火煲至水滚，改用文火续煲3个小时，关火，放入适量盐调味。

汤品分析

无花果别名奶浆果，性甘平，可维持消化道机能。《滇南本草》中说："主清利咽喉，开胸膈，清痰化滞。"杏仁有南北之分，南杏仁味甘，又称甜杏仁；北杏仁味苦，又称苦杏仁（一般药用），可降气平喘、止咳润肠，但苦杏仁含有毒成分氢氰酸，若生吃超过10枚以上易中毒，加热后氢氰酸会被分解，但仍不宜大量生吃。

解决胃肠消化不良

家庭主妇 张圣姿：
某天跟老公小孩一家人在外用餐，吃了炒饭，回家途中感到胃部非常不适，回家做了西洋菜汤，一家三口喝完后，胃部不适的状况明显缓和。一碗对的汤守护我全家人的健康，真棒！

26 莲子百合煲瘦肉 瑶柱苹果银耳

苹果……………………3个
瑶柱……………………3颗
银耳……………………25克
百合……………………50克
红莲子…………………50克
陈皮……………………一块
瘦肉……………………250克

做法

1. 陈皮泡水软化，刮去内里白色囊筋备用。
2. 银耳用清水浸透发开，淘洗净备用。
3. 瑶柱用清水浸透，撕开备用。
4. 苹果用清水洗净之后去蒂去心，切成块状备用。
5. 猪瘦肉入滚水汆烫5分钟，不用切块，洗净备用。
6. 将莲子、百合清水洗净备用。
7. 锅中放入约3000毫升清水，将所有材料放入锅中，用猛火煲至水滚，改用文火续煲 3小时，关火，放入适量盐调味。

【养阴润肺化痰】

瑶柱滋肝补肾；苹果助肠胃消化；银耳滋阴润燥；百合润肺清心；红莲养心安神；陈皮行气健脾。适合熬夜不眠、感冒体虚、久咳不愈者饮用。

【益气润肺止咳化痰】

花旗参清热益气；川贝化痰止咳；苹果助消化；雪梨润肺生津；无花果健脾润肠；南北杏止咳平喘；蜜枣润肺化痰。烟酒过多，支气管、肠胃不佳，睡眠不足者适饮。

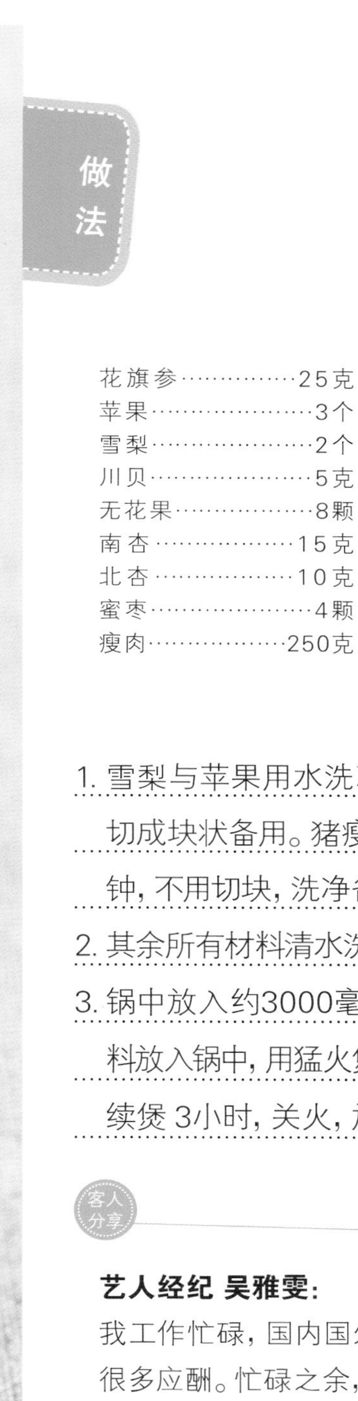

花旗参川贝苹果雪梨煲瘦肉

27

花旗参……………25克
苹果…………………3个
雪梨…………………2个
川贝…………………5克
无花果………………8颗
南杏………………15克
北杏………………10克
蜜枣…………………4颗
瘦肉………………250克

做法

1. 雪梨与苹果用水洗净之后去蒂去心，切成块状备用。猪瘦肉入滚水汆烫5分钟，不用切块，洗净备用。
2. 其余所有材料清水洗净备用。
3. 锅中放入约3000毫升清水，将所有材料放入锅中，用猛火煲至水滚，改用文火续煲 3小时，关火，放入适量盐调味。

客人分享

艺人经纪 吴雅雯：

我工作忙碌，国内国外飞不停，有时还有很多应酬。忙碌之余，一碗靓汤是我元气的补给，此汤可以补充肌肤流失的水分。

28 青胡萝卜马铃薯玉米煲瘦肉

青萝卜……………2根
胡萝卜……………1根
马铃薯……………2颗
玉米……………2根
南杏……………15克
北杏……………10克
蜜枣……………4颗
陈皮…………… 一块
瘦肉……………250克

做法

1. 陈皮泡水，待软化后刮去内里白色囊筋备用。猪瘦肉入滚水汆烫5分钟不用切块，洗净备用。
2. 青萝卜、胡萝卜、玉米、马铃薯削皮洗净，切大块备用。
3. 锅中放入约3000毫升清水，将所有材料放入锅中，用猛火煲至水滚，改用文火续煲 3小时，关火，放入适量盐调味。

注：据香港坊间流传，此汤针对长期面对电脑与厨房者有排除电磁波、煤气毒的功效。

【消食化滞止咳化痰】

青萝卜利水润肠；胡萝卜健脾润肤；马铃薯健脾养胃；玉米清热利湿；南北杏止咳平喘；陈皮健脾化湿。适合食欲不振、肺热燥湿、喉咙痰结者饮用。

【清热明目健脾益胃】

苦瓜清热明目解毒；黄豆健脾益胃；淮山药补脾益胃；冬菇益胃、降血脂；咸菜心能促进肠胃蠕动。火气大、工作疲劳、课业压力大的人适饮此汤。

29 淮山煲排骨 苦瓜冬菇黄豆

苦瓜(青苦瓜)………1块
黄豆………………100克
淮山药……………25克
冬菇…………… …10个
咸菜心……………100克
姜……………………2片
排骨………………250克

做法

1. 生姜洗净，刮去姜皮切片备用。淮山药用清水洗净备用。
2. 冬菇去蒂，用清水浸透发开，洗净备用。
3. 黄豆放入炒锅中，不必加油，慢火炒香。
4. 排骨斩块入滚水氽烫5分钟，洗净备用。
5. 咸菜心用水浸泡，挤干，换水数次，减少咸味备用。
6. 锅中放入约3000毫升清水，将所有材料放入锅中，用猛火煲至水滚，改用文火续煲 3小时，关火，放入适量盐调味。

注：

此汤品口感可令不敢吃苦瓜的人都举双手说赞喔！

30 润颜宁神饮 珍珠冲鲜奶

珍珠末…………1克
鲜奶…………一杯
砂糖………一茶匙

做法

1. 将珍珠末放入碗里。
2. 鲜奶煮沸，与珍珠末冲后拌匀，加入砂糖即可服用。

小叮咛：因假货充斥，请慎选购买。

【养颜安神】

珍珠末有安神定惊、润肤功效，以鲜奶、砂糖冲调可宁神安眠，睡前一杯能好眠。大人小孩皆适饮！

给应酬熬夜、肠胃不适者的健康叮咛

解决方案：

烟酒与应酬对身体的影响，多在晚餐到午夜这段时刻，会令脂肪增加、循环变差，脸和身材逐渐失去年轻神采，容易令身体机能早衰。

要恢复正常就要尽可能减少应酬，饮食菜单调整均衡，经常熬夜燥热体质的人，可以吃些像银耳、梨子等滋阴清热降火的食物；游泳、瑜伽、体操、慢跑等有氧运动可加强心肺功能，重量训练可排脂肪增肌肉，不要一开始加大运动量，要让身体逐渐习惯，慢慢延长运动时间与力度。长时间下来，自然会帮你恢复到年轻时的修长身形。

改善久坐少动、肩颈酸痛循环差的私房汤品

Soup

现代人最大的问题是长坐少动，长时间使用电脑更易造成身体不适，让脑、肩颈与眼睛承受三重压力!

常见问题:
用脑过度、视力或记忆力减退、下半身循环变差、肩颈酸痛。

玫瑰提子茶

31

做法

【舒压宁神】

玫瑰花宁神润颜、滑肠促代谢；葡萄干即提子干，补血减肥又易被身体吸收。此饮品适合工作过劳、代谢较差的人。

1. 800毫升水放入锅内，水滚后放进葡萄干慢火煲10分钟。
2. 将火关掉，加入玫瑰花焖1分钟即可饮用。

鲜奶（脾胃差的人可改为煲茶较好）
玫瑰花…………15克
葡萄干…………40克

芥菜瑶柱煲猪肚

32

做法

芥菜……………500克
瑶柱………………3颗
姜…………………2片
猪肚………………1个

1. 猪肚剥去肚衣，用油、面粉、盐搓揉2~3次冲洗干净；然后放进滚水中 5分钟，取出浸清水中，刮去肚膜白苔，切块或切片。芥菜洗净沥干备用。
2. 瑶柱用清水浸透撕开备用。生姜洗净，刮去姜皮切片备用。
3. 锅中放约3000毫升水，用大火煲，待水滚开之后转文火慢煲，先放猪肚、瑶柱、姜片煲 2小时，接着放芥菜煲30分钟，关火，加少许盐调味即可。

【清热滋助消化】

芥菜清热除燥、促进消化；瑶柱滋肝补肾、滋阴降压；猪肚补虚劳、润肠；姜解表散寒、温胃解毒。

何首乌……………50克
黑豆………………100克
红枣………………10颗
桂圆………………25克
黄芪………………40克
鸡肉半只或一只

1. 红枣去核，洗净备用。黑豆放入炒锅中，不加油，炒至皮壳爆裂取出，用清水洗净备用。
2. 鸡剖洗净，放入滚水内 5分钟，斩成大块洗净备用。（避免汤过油，可先去鸡皮）
3. 其余所有材料反复浸泡洗净数次，沥干备用。
4. 锅中放入约3000毫升清水，将所有材料放入锅中，用猛火煲至水滚，改用文火续煲 3小时，关火，放入适量盐调味。

【补气血益肝肾明目】

何首乌补血乌发；黑豆滋阴补血；红枣补心血；桂圆养血安神；黄芪益气生阳。血气不足、气血循环不佳、目视不明者适饮。

天麻川芎白芷煲鲢鱼

34

【醒脑祛风活血】

天麻健脑舒痛；川芎祛风活血；白芷镇静止痛；桂圆、红枣补血养心；枸杞明目；黑豆补血；大头鲢鱼暖胃补脑。脑压高、头痛晕眩、气血循环不佳者适饮。

做法

天麻……………15克	桂圆……………25克	黑豆……………100克
川芎……………10克	红枣……………10颗	姜…………………2片
白芷……………10克	枸杞……………50克	大头鲢鱼头………1个

1. 红枣去核，洗净备用。
2. 生姜洗净，刮去姜皮切片备用。
3. 黑豆放入炒锅中，不加油，炒至皮壳爆裂取出，用清水洗净备用。
4. 鱼头洗净，斩开成块状。放入锅中，用少许油慢火煎至两面金黄色。
5. 天麻、川芎、白芷、枸杞、桂圆分别用清水洗净备用。
6. 锅中放入约3000毫升清水，将所有材料放入锅中，用猛火煲至水滚，改用文火续煲 3小时，关火，放入适量盐调味。

汤品分析

天麻性味甘平，归肝经。能息风止痉，平抑肝阳，祛风通络。现代医学指出，天麻可以治疗头痛、眩晕，能降血压，增加冠状血管流量，降低脑血管阻力，增加脑血流量，增强记忆力。

冬天养生预防疾病汤品

年代电视工作人员 李国峰:

每天棚内棚外录像拍摄忙不停，棚内冷气特强，外景有时热翻天，经常冷热交替，精神体力不堪负荷，有时头痛欲裂没精神。强烈推荐这款汤，口感温润，喝后脑部压迫感得到舒缓!

35 田七牛膝杜仲党参煲乌鸡

田七……………15克
牛膝……………15克
杜仲……………25克
党参……………25克
黄芪……………40克
红枣……………10颗
乌鸡半只或一只

做法

1. 乌骨鸡剖洗干净，放入滚水内 5分钟，斩成大块备用。红枣去核，洗净备用。
2. 其余所有材料反复浸泡洗净数次，沥干备用。
3. 锅中放入约3000毫升清水，将所有材料放入锅中，用猛火煲至水滚，改用文火续煲 3小时，关火，放入适量盐调味。

友松制作电视节目制作人 狄瑞泰：
每次录完影，全身像被人打过一样，腰膝酸痛无力，喝了这碗汤，不夸张地说好似打通任督二脉一样，通体舒畅。

【行气强筋活血散瘀】

田七散瘀消肿；牛膝强筋活血；杜仲补肝肾强筋；党参补气健脾；乌鸡补血益阴。腰膝酸痛、久坐气血不足、运动过度、伤瘀不散者适饮，孕妇不宜喝！

【保肺益肾滋阴补阳】

核桃补脑养肌；鲍鱼滋阴补肾；虫草补肺阴肾阳；红枣补血养心。用脑过度、肾气不足、虚不受补者适饮。

做法

36 鲍鱼煲鸡 核桃虫草

核桃……………100克
冬虫夏草…………25克
新鲜鲍鱼……………1个
红枣……………10颗
姜…………………2片
鸡肉半只或一只

1. 红枣去核，洗净备用。
2. 生姜洗净，刮去姜皮切片备用。
3. 将鲍鱼壳肉分离。鲍鱼壳用清水擦洗干净；鲍鱼肉去掉污秽粘连的部分，用清水洗干净切片备用。
4. 鸡剖洗净放入滚水内5分钟，斩成大块，洗净备用。（避免汤过油，可先去鸡皮）
5. 其余所有材料反复浸泡洗净数次，沥干备用。
6. 锅中放入约3000毫升清水，将所有材料放入锅中，用猛火煲至水滚，改用文火续煲3小时，关火，放入适量盐调味。

小叮咛：因虫草日益稀少、价格昂贵，市面上假货充斥，请严选商家认清真品，否则此汤可不放虫草。

37 海底椰煲排骨猴头菇花生木瓜

【益智养颜消食润肠】

猴头菇利五脏；核桃补脑养肌；花生健脾和胃；木瓜消食润肠；海底椰润肺补肾美颜。肌肤干燥、用脑过度、身体疲惫、两便不通者适饮，产妇也可饮此汤增加奶水。

做法

猴头菇	50克	木瓜	1个
核桃	100克	海底椰	100克
花生	100克	排骨	250克

1. 木瓜去皮去核，切大块。排骨斩块，入滚水氽烫5分钟，洗净备用。
2. 猴头菇泡水变软后，用手挤水再重复浸泡3~4次备用。
3. 其余所有材料反复浸泡洗净数次，沥干备用。
4. 锅中放入约3000毫升清水，将所有材料放入锅中，用猛火煲至水滚，改用文火续煲 3小时，关火，放入适量盐调味。

汤品分析

核桃性味甘温，有补肾强腰、温肺定喘、润肠通便的功效，还可抗衰老、益智补脑。有神经衰弱者，每天早晚各吃1~2个核桃仁，有痰火积热者不可吃太多。海底椰有润肺止咳、滋阴除燥等作用。

提升健康力拒绝再生病

艺人 蚬仔：

这款汤喝后真是通体舒畅，每天主持工作繁多又要赶车，这碗汤润喉又补脑，超适合我的。

38 贝南北杏煲瘦肉
飞天螭蟧栗蘑川

栗蘑················40克
川贝··················5克
淮山药·············25克
南杏·················15克
北杏·················10克
蜜枣··················4颗
猪瘦肉···········250克
飞天螭蟧(龙骨风、大贯众、山螭蟧)········50克

做法

1. 猪瘦肉入滚水汆烫5分钟，不用切块，洗净备用。栗蘑用清水浸透发开，重复换水洗净备用。
2. 其他所有材料用清水洗净，沥干备用。
3. 锅中放入约3000毫升清水，放入所有材料，将所有材料放入锅中，用猛火煲至水滚，改用文火续煲 3小时，关火，放入适量盐调味。

京剧艺术工作者 钱宥儒：
我是从事表演工作的，保护嗓子是最重要的一环，以前总用枇杷膏、润喉糖护嗓，现在这碗汤成为我嗓子最佳的天然保护膜。

【清热润肺行痰止咳】

飞天螭蟧清热止咳利湿；栗蘑含有高价值多糖体，可增强免疫力；川贝止咳化痰；木瓜滋养消食；肺热剧咳、久咳不愈，支气管虚弱敏感者适饮。

【悦脾和胃滋阴利水】

莲藕养血生肌；章鱼补气养血；眉豆利水消肿；花生健脾和胃；鸡爪含丰富天然胶质。工作疲劳、血气不顺、三餐不正常、术后休养者适饮。

39 鸡爪煲排骨莲藕章鱼花生

莲藕……………500克
章鱼…………干货100克
眉豆……………100克
花生……………100克
鸡爪……………10只
排骨……………250克

1. 鸡爪用滚开水烫透，脱去黄衣，斩去爪尖，洗净后备用。
2. 排骨斩块，入滚水汆烫5分钟，洗净备用。
3. 章鱼用热水浸泡发开，换水数次备用。
4. 莲藕用去皮，用刀背用力略拍莲藕后，切成厚块洗净备用。
5. 其余所有材料反复浸泡洗净数次，沥干备用。
6. 锅中放入约3000毫升清水，将所有材料放入锅中，用猛火煲至水滚，改用文火续煲 3小时，关火，放入适量盐调味。

注：此汤适合产后妇女补身与增加奶水；一家大小饮此汤也可强身补血。

40 黄芪红枣煲鸡当归响螺

黄芪……………40克
当归……………50克
响螺……………50克
红枣……………10颗
姜………………2片
乌 鸡 半 只 或 一 只

做法

1. 乌鸡剖洗净，放入滚水内5分钟，斩成大块备用。
2. 红枣去核，洗净备用。
3. 生姜洗净，刮去姜皮，切片备用。
4. 锅中放水，放入些许葱、酒、油煮滚，然后放入响螺煮10分钟，熄火盖锅盖焖4小时，洗净再用清水泡2小时，冲洗沥干备用。
5. 其余所有材料反复浸泡洗净数次，沥干备用。
6. 锅中放入约3000毫升清水，将所有材料放入锅中，用猛火煲至水滚，改用文火续煲 3小时，关火，放入适量盐调味。

【清热润肺行痰止咳】

当归补血调经；响螺滋阴明目；黄芪补脾益气；红枣补血养心；乌鸡补血益阴。气血循环不佳、睡眠不足、四肢冰冷、体虚昏睡、目视不明者适饮。

41 益母草煲鸡蛋

益母草……………15克
红枣………………5颗
枸杞………………50克
鸡蛋………………1颗
红糖………………少许

做法

1. 先将益母草剪成小段，红枣去核，枸杞清水冲洗干净，然后一起浸泡15分钟。
2. 水滚后放入鸡蛋煮熟，待凉了剥壳备用。
3. 将所有材料放进锅内，加入适量清水，大火烧开转小火继续煲30分钟。
4. 快煲好时，放适量红糖，5分钟后关火就可以喝了。

【活血调经补血益气】

益母草活血调经；红枣补血养心；枸杞益精明目、滋补肝肾；鸡蛋镇心益气、滋补气血。此甜汤适合有经痛困扰或妇科问题的人喝。

做 法

42 麻仁通畅饮

火麻仁…………200克
黑白芝麻……各100克
砂 糖 ………… 适 量

1. 干锅开火不放油，将火麻仁与黑白芝麻慢火炒至金黄。炒好的火麻仁与白芝麻放入搅拌机中加入适当的水搅至细滑，搅好后用纱布过滤渣滓。
2. 隔出的火麻仁汁加砂糖煮滚即可饮用。

【润燥滑肠乌发明目】

火麻仁润燥滑肠；芝麻润肠补血，据说能益寿延年抗衰老。此饮有缓解便秘、乌发的功效。

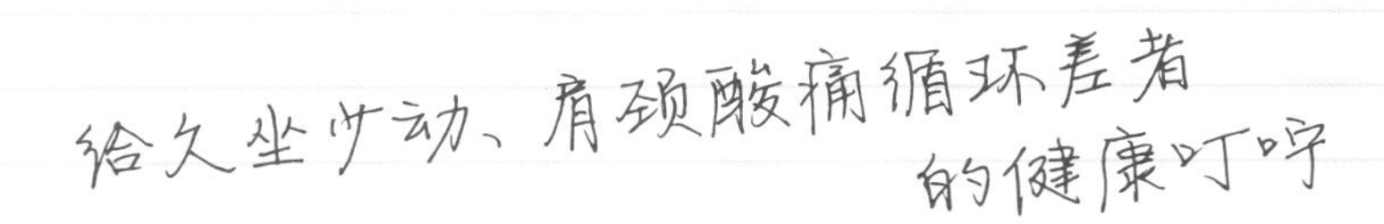

给久坐少动、肩颈酸痛循环差者
的健康叮咛

解决方案：

在室内避免空调冷气朝身上吹，可以准备保暖衣物、温补饮品保护身体。

工作感到疲累时一定要休息一会儿，比如闭目养神几分钟、站起来走动一会儿，做个小体操伸展肢体，恢复精神后再继续工作。

在家时就尽可能不要用电脑，泡澡时用中长热毛巾敷肩颈，小毛巾敷眼睛，利用浴室热气放松身体，可选舒压精油做空间薰香或泡澡，让脑放空，促进全身循环，睡前来一杯补汤，保证一晚安眠到天亮。

改善紧张压力大、睡眠不安稳的

Soup

私房汤品

压力给身体精神带来的影响非常巨大，初期的紧张，睡不安稳等生活上的问题，都会构成对健康的威胁。

常见问题：

身体与心理双重压力、失眠、紧张、焦虑、烦闷等状况。

43 天麻益智安神汤

做法

天麻	10克	龙骨	15克
菖蒲	10克	龟板	15克
远志	15克	排骨	1000克

1. 排骨入滚水汆烫5分钟，不用切块，洗净备用。
2. 将所有材料反复浸泡，洗净数次后，沥干备用。
3. 锅中放入约3000毫升清水，将所有材料放入锅中，用猛火煲至水滚，改用文火续煲3小时，关火，放入适量盐调味。

【补脑滋阴宁神】

天麻益脑舒痛；菖蒲养心安神；远志增强记忆力；龙骨镇静安神；龟板凉血固肾。工作压力大、用脑过度、精神紧张者非常适合饮用此汤。

【清热养阴健脾去湿】

冬瓜清热解毒;“清补凉”由多种凉茶组合而成,“清”热燥、“补”益身体兼“凉”润,故名清补凉;加银耳使其温润。熬夜休息不足、压力火气大、水肿者适饮。

44 银耳煲排骨 冬瓜清补凉

冬瓜……………250克
北沙参……………40克
薏仁……………40克
玉竹……………40克
芡实……………25克
百合……………25克
淮山药……………25克
茯苓……………25克
红莲……………25克
桂圆……………15克
南杏……………15克
北杏……………10克
银耳……………25克
排骨……………250克

1. 冬瓜去籽，连皮洗净，切大块备用。
2. 银耳用清水浸透发开，淘洗净备用。
3. 将其他材料略洗浸泡 5分钟后沥水，反复3次沥干备用。
4. 排骨斩块，入滚水汆烫5分钟，洗净备用。
5. 锅中放入约3000毫升清水，将所有材料放入锅中，用猛火煲至水滚，改用文火续煲 3小时，关火，放入适量盐调味。

45 桂圆红枣煲鸡 花旗参竹荪

花旗参……………25克
竹荪…………………5条
党参…………………25克
淮山药………………25克
红枣…………………5颗
桂圆…………………25克
鸡肉半只或一只

做法

1. 红枣去核，洗净备用。
2. 竹荪用清水浸泡，用手挤出水再浸泡，反复数次，水清无味即可。
3. 鸡剖洗净，放入滚水内5分钟，斩成大块，洗净备用。（避免汤过油，可先去鸡皮）
4. 其余所有材料反复浸泡洗净数次，沥干备用。
5. 锅中放入约3000毫升清水，将所有材料放入锅中，用猛火煲至水滚，改用文火续煲3小时，关火，放入适量盐调味。

【益气宁神益胃滋肾】

花旗参益气清热；竹荪健脾胃、预防高血压；党参补中益气；淮山药益胃滋肾；红枣桂圆补心血。此汤温润滋阴，适合肠胃不佳、疲惫气虚、“三高”人士饮用。

五指毛桃黑芝麻煲乌鸡

46

【化湿补脑养肌】

五指毛桃健脾化湿、舒筋活络、固肾；芝麻补益肝肾、乌发舒筋；核桃补脑养肌。思虑过度、睡眠不安、筋骨不适者适饮。

做法

五指毛桃(五爪龙)…50克　　红枣………………10颗
核桃…………………100克　　乌鸡半只一只
黑芝麻粉……………50克

1. 乌鸡剖洗净，放入滚水内5分钟，斩成大块备用。
2. 芝麻粉直接倒入锅中与水同滚。
3. 将所有材料反复浸泡洗净数次，沥干备用。
4. 锅中放入约3000毫升清水，将所有材料放入锅中，用猛火煲至水滚，改用文火续煲3小时，关火，放入适量盐调味。

汤品分析

五指毛桃，又名五爪龙、土黄芪、南芪。《中华药典》记载，五指毛桃味辛甘、性平、微温，具有益气补虚、行气解郁、壮筋活络、健脾化湿、止咳化痰等功效。

芝麻性味甘平，补肝肾，润五脏，坚筋骨，乌须发。

补气舒筋活络

专业彩妆造型师mina：
每次接到案子一整天几乎都站着，又不能按时吃饭，回到家腰酸背痛、双脚肿胀。通常这时候我都会喝上一碗汤，非常香滑适口舒畅，感觉一天失去的精力都回来了。

47 远志煲瘦肉核桃花胶

核桃……………100克
花胶……………100克
远志……………15克
黄精……………50克
龟板……………15克
桂圆……………25克
瘦肉……………250克

1. 锅中放水，放入些许葱、酒、油煮滚，然后放入花胶煮10分钟，熄火盖锅盖焖 4小时，洗净再用清水泡 2小时，洗净沥干备用。
2. 猪瘦肉入滚水汆烫 5分钟不用切块，洗干净备用。将所有材料反复浸泡洗净数次，沥干备用。
3. 锅中放入约3000毫升清水，将所有材料放入锅中，用猛火煲至水滚，改用文火续煲 3小时，关火，放入适量盐调味。

【补脑益智滋阴】

核桃补脑生肌；花胶补肝益肾；远志益智耳聪；黄精补血益精；龟板凉血固肾；桂圆养血安神。用脑过度、工作疲劳、睡眠不足者适饮。

48 栗蘑枸杞首乌党参煲瘦肉

栗蘑……………40克
枸杞……………50克
何首乌…………25克
党参……………25克
红枣……………10颗
瘦肉……………250克

做法

1. 红枣去核，洗净备用。
2. 猪瘦肉入滚水汆烫 5分钟，不用切块，洗净备用。
3. 栗蘑泡水反复换水洗净。
4. 其余所有材料反复浸泡洗净数次，沥干备用。
5. 锅中放入约3000毫升清水，将所有材料放入锅中，用猛火煲至水滚，改用文火续煲 3小时，关火，放入适量盐调味。

【乌发强筋补血】

栗蘑增强免疫；枸杞益精明目；何首乌乌发强筋；党参补气健脾；红枣补血养心。气血循环不佳、工作量大、心烦气躁、压力大者适饮。

鸡骨草雪梨煲瘦肉

49

【清热生津化痰】

鸡骨草清热舒肝；雪梨润肺滑肠；罗汉果化痰止咳；马蹄利湿化痰；胡萝卜健胃消滞。长期肝火旺、喉咙声哑、疲劳过度的人适饮。

做法

鸡骨草……………50克　马蹄………………10颗
雪梨………………2个　胡萝卜………………1根
罗汉果……………1个　瘦肉………………250克

1. 雪梨用清水洗净后去蒂去心，切成块备用。
2. 马蹄去皮对切，胡萝卜削皮洗净备用。
3. 罗汉果洗净，用手拍裂开备用。
4. 鸡骨草浸泡洗净，重复几次沥干备用。
5. 猪瘦肉入滚水汆烫 5分钟，不用切块，洗净备用。
6. 锅中放入约3000毫升清水，将所有材料放入锅中，用猛火煲至水滚，改用文火续煲 3小时，关火，放入适量盐调味。

汤品分析

罗汉果味甘、性凉，益肝健脾，有清热润肺、化痰止咳、生津润肠等功效，常用于肺火燥咳、咽痛失音、肠燥便秘等症。但容易腹泻的人、寒性感冒及寒咳者不要服用。马蹄（荸荠）味甘，性寒，主清热生津、消积化痰。

养肝止咳化痰

KISS Radio DJ小彬：
每天主持电台现场节目，收工后又和三五知己聚餐，精力再好也经不起这样的忙碌。据说这款汤是养肝润肺最佳靓汤，喝过之后果然精神体力变好，喉咙舒畅，声音也变亮了，这样的我才对得起我的忠实听众呀！

做法

玉米煲瘦肉 茅根竹蔗茯苓

50

茅根……………50克
竹蔗(白甘蔗)……2根
茯苓……………50克
玉米……………2根
胡萝卜……………1根
猪瘦肉…………250克

1. 甘蔗刮去皮，切成10厘米长薄片备用。
2. 猪瘦肉入滚水氽烫 5分钟，不用切块，洗净备用。胡萝卜削皮后与玉米洗净切块备用。其余所有材料反复浸泡洗净数次，沥干备用。
3. 锅中放入约3000毫升清水，将所有材料放入锅中，用猛火煲至水滚，改用文火续煲 3小时，关火，放入适量盐调味。

【清热利水健脾止烦】

茅根清热利尿；竹蔗生津润燥；茯苓利水渗湿；玉米止渴；胡萝卜健胃消滞。此汤清甜温润，火气大、久坐、小便不解、烦躁不安者适饮。

51 灵芝元气饮

灵芝……………………50克
蜜枣……………………4颗
甘草……………………10克

做法

1. 所有材料反复浸泡洗净数次，沥干备用。锅中放入约3000毫升清水，将所有材料放入锅中，用猛火煲至水滚，改用文火续煲 1个小时左右关火。
2. 灵芝本身味道带苦，可以放入蜜枣与甘草调剂，若饮用时无法忍受苦味，可再加黑糖调味。

注：灵芝好处多，一次煲一大壶全家人当水喝，较小的小朋友可加水稀释饮用。

艺人 苏霈：

忙碌工作与照顾家庭我总两头忙，于是学会了这道饮品，我每天都熬一壶放在身边当水喝，果然元气倍增！你也可以试试喔！

【益气润肺安神强体】

灵芝安神健胃，增强免疫力；蜜枣润肺止咳；甘草补脾益气。此饮精神衰弱、体虚气弱、工作疲惫的人适饮。

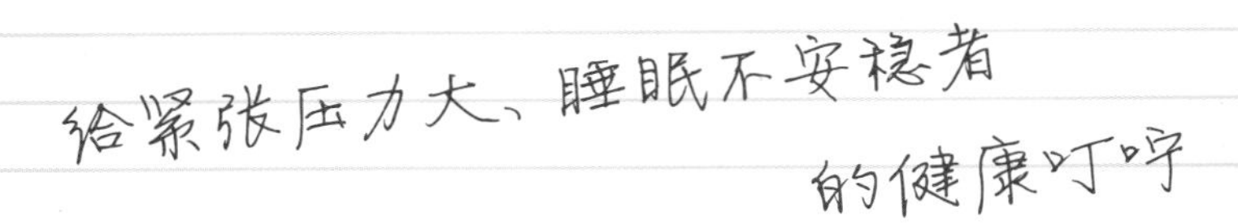

给紧张压力大、睡眠不安稳者
的健康叮咛

解决方案：

生活于步调快速的社会中，现代人随时随地都在面对压力，不管是工作还是人际关系等，若不适时疏解压力，问题就会不断累积，长期下来对心理上的影响会更大，不自觉地出现神经性的狂吃、厌食、焦虑等状况。

要解决已出现病态状况的压力，一般的调理效果不大，需立即看医生，并放松紧绷的身体与精神，找些活动释放压力，比如和朋友聚会、运动、旅行，恢复健康的速度会更快。

特别篇 女性、素食者、幼儿的专属汤品

Soup

【女性的专属汤品】

打理一个家庭就是主妇的工作，忙碌全家人的衣食健康，常会补了一家人结果忘记补自己。而家中若有青春期的女儿，正值长身体的时候，母女可一起补身。

常见问题：贫血、水肿、燥热、手足冰冷等女性常见症状。

【素食者的专属汤品】

素食者因不食肉，于营养摄取中蛋白质、油脂等变低，当养分摄取不足时，就会改用其他方式取得，如爱吃甜食、菜放大量油，反而摄取更多，体脂肪增加。

常见问题：贫血、疲弱、心跳加速等，主要是缺乏动物性食物中的维生素。

【幼儿的专属汤品】

幼儿发育需要天然营养，但很多小朋友偏食，其实孩子的饮食习惯是我们大人培养的，太早给予大人多样化的饮食，容易造成他们拒吃该吃的食物，用汤来吸引孩子是很棒的方法，为了孩子请坚持喔。

常见问题：偏食，摄取营养不足。

新鲜人参炖乌鸡

新鲜人参…………50克
瘦肉………………250克
金华火腿…………50克
红枣…………………8颗
陈皮……………… 一块
乌鸡半只或一只

做法

1. 乌鸡剖洗净，放入滚水内滚 5分钟，斩成大块备用。红枣去核洗净备用。
2. 陈皮泡水，待软化后刮去内里白色囊筋备用。猪瘦肉入滚水汆烫 5分钟，不用切块，洗净备用。
3. 其余所有材料反复浸泡洗净数次，沥干备用。
4. 锅中放入约3000毫升清水，将所有材料放入锅中，用猛火煲至水滚，改用文火续煲 3小时，关火，放入适量盐调味。

【补肺益气补血滋阴】

新鲜人参大补元气；乌鸡补血。为家务辛劳的妈妈，疼爱自己多一点，来一碗吧！

女性专属汤品

53 白背木耳苹果红枣煲瘦肉

白背木耳……………2朵
苹果…………………4个
红枣………………10颗
瘦肉………………250克
陈皮……………… 一块
水……………………适量

做法

1. 红枣去核，洗净备用。陈皮泡水，待软化后刮去内里白色囊筋备用。
2. 苹果用清水洗净后去蒂去心，切成块状备用。
3. 猪瘦肉入滚水汆烫 5分钟不用切块，洗净备用。
4. 白背木耳用清水浸泡，待软透发起，中间需更换清水3~4次去除杂质味道。
5. 其余所有材料反复浸泡洗净数次，沥干备用。
6. 锅中放入约3000毫升清水，将所有材料放入锅中，用猛火煲至水滚，改用文火续煲 2小时，关火，放入适量盐调味。

【助消化滋阴健脾】

白背木耳降脂；苹果助消化；陈皮健脾。很多妈妈怕浪费，把家人剩下的食物通通吃下肚，需要消脂解滞，快为自己补充一碗吧！

【补血利湿补气润肺】

栗子补血；玉米清热；冬菇益胃；胡萝卜健胃；花生健脾。此汤可补肾益肠、养颜益气。

女性专属汤品

54 冬菇煲瘦肉栗子玉米花生

栗子……………100克
玉米……………3根
冬菇……………10朵
胡萝卜…………1根
花生……………100克
姜………………2片
瘦肉……………250克

做法

1. 生姜洗净，刮去姜皮切片备用。
2. 猪瘦肉入滚水氽烫 5分钟，不用切块，洗净备用。冬菇去蒂，用清水浸透发开，洗净备用。
3. 鲜栗连壳放入滚水中滚10~20分钟，锅盖盖紧，待水渐温，用刀在栗子上画十字，用手剥开栗子肉即可。干栗用热水浸软，以牙签剔除皮屑洗净备用。
4. 玉米洗净切块，与花生洗净备用。
5. 锅中放入约3000毫升清水，将所有材料放入锅中，用猛火煲至水滚，改用文火续煲 3小时，关火，放入适量盐调味。

女性专属汤品

55 田七党参红枣煲瘦肉

田七……………15克
党参……………25克
瘦肉……………250克
红枣……………5颗
姜……………2片

做法

1. 红枣去核，洗净备用。
2. 生姜洗净，刮去姜皮切片备用。
3. 猪瘦肉入滚水汆烫 5分钟，不用切块，洗净备用。其余所有材料反复浸泡洗净数次，沥干备用。
4. 锅中放入约2000毫升清水，将所有材料放入锅中，用猛火煲至水滚，改用文火续煲 2小时，关火，放入适量盐调味。

【活血补气健脾】

田七活血；党参补心；红枣补血；姜散寒温胃；腰酸背痛、气血循环不佳、四肢冰冷、难眠者适饮。孕妇忌饮！

【补脑养血益肾】

核桃补脑养肌；腰果强筋健骨、开胃润肤；雪莲子解毒强身；冬菇益胃降血脂。此汤补血、强腰、益肾。

56 核桃腰果雪莲冬菇煲鸡

红枣……………10颗
核桃……………100克
腰果……………100克
雪莲子…………100克
冬菇……………10个
陈皮……………一块
鸡肉半只或一只

1. 陈皮泡水，待软化后刮去内里白色囊筋备用。冬菇去蒂，用清水浸透发开，洗净备用。红枣去核，洗净备用。
2. 鸡剖洗干净，放入滚水内 5分钟，洗净备用。(避免汤过油，可先去鸡皮)
3. 核桃汆烫过洗净备用，其余所有材料反复浸泡洗净数次，沥干备用。
4. 锅中放入约2000毫升清水，将所有材料放入锅中，用猛火煲至水滚，改用文火续煲 2小时，关火，放入适量盐调味。

女性专属汤品

57 玉竹蜜枣煲鸡 鲍鱼海底椰

冷藏鲍鱼……………1个
海底椰……………100克
玉竹………………25克
蜜枣…………………4颗
姜……………………2片
鸡肉半只或一只

做法

1. 生姜洗净，刮去姜皮切片备用。
2. 鸡剖洗净，放入滚水内 5分钟，斩成大块洗净备用。（避免汤过油，可先去鸡皮）
3. 鲍鱼洗净，将姜、葱、酒、水煮沸，放入鲍鱼煨10分钟，取出，弃姜葱，沥干水分。
4. 将其余所有材料反复浸泡洗净数次，沥干备用。
5. 锅中放入约3000毫升清水，将所有材料放入锅中，用猛火煲至水滚，改用文火续煲 3个小时左右，关火，放入适量盐调味即可。

【润燥补气健脾】

鲍鱼滋阴；玉竹、海底椰润肺；蜜枣止咳；姜温胃。此汤滋阴补气、养肝补肾，快来一碗增加元气吧！

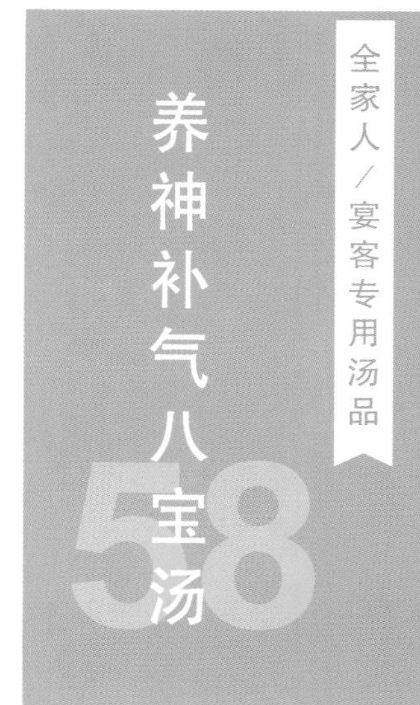

养神补气八宝汤

鲍鱼……………………1个
竹荪……………………5条
响螺……………………50克
百合……………………50克
川贝……………………5克
红莲子…………………25克
青木瓜…………………1个
姜………………………2片
鸡肉半只或一只

1. 生姜洗净，刮去姜皮切片备用。
2. 木瓜去皮去核，切大块。
3. 鸡剖洗净，放入滚水内 5分钟，斩成大块洗净备用。（避免汤过油，可先去鸡皮）
4. 锅中放水，放入些许葱、酒、油煮滚，然后放入响螺煮10分钟，熄火盖锅盖焖4小时，洗净再用清水泡 2小时，洗净沥干备用。
5. 锅中放入约3000毫升清水，猛火煲至水滚放入所有材料，改用文火续煲 3小时，关火，放入适量盐调味。

【滋阴润燥明目宁神】

鲍鱼滋阴补肾；响螺清热明目；百合清心安神；川贝化咳止痰；红莲养心安神；青木瓜消食润肠。此汤也是宴客靓汤，一家大小皆可饮用。

全家人/宴客专用汤品

59 鲍鱼翅炖鸡

嫩鸡…………1只约1000克
新鲜鲍鱼………………2个
发好湿翅……………600克
竹荪……………………5条
金华火腿……………50克
姜………………………2片
酒……………………1茶匙
高汤或水……………4杯
盐…………………… 适 量

【滋阴润泽培元】

鲍鱼滋阴补肾；鱼翅固肾培元、滋阴养颜；竹荪健脾益胃；金华火腿健脾开胃。此汤为宴客靓汤，一家大小皆可饮用，滋润极品。

做法

1. 生姜洗净，刮去姜皮切片备用。
2. 鱼翅洗净后沥干水分，将姜、葱、酒煮沸，放入鱼翅煨 5分钟取出，弃姜葱沥干水分。鸡剖洗干净，放入滚水内5分钟，洗净备用。（避免汤过油，可先去鸡皮）
3. 鲍鱼洗净，将姜、葱、酒、水煮沸放入鲍鱼煨10分钟，取出，弃姜葱，沥干水分。将其余所有材料反复浸泡洗净数次，沥干备用。
4. 锅中放入约3000毫升清水，将所有材料放入锅中，用猛火煲至水滚，改用文火续煲 3个小时左右，关火，放入适量盐调味即可。

信心国术馆董娘 谢馨慧：

这款汤光听名字就够高贵，有一次因有重要客人要来家里，我特意做了此汤，客人喝了都说赞，个个都跟老公赞我贤惠呢。

女性专属汤品

60 桂圆红枣银耳冰糖炖鸡蛋

银耳……………25克
桂圆……………25克
红枣……………10颗
鸡蛋……………4个
冰糖……………适量

做法

1. 红枣去核，洗净备用。
2. 银耳用清水浸透发开，淘洗干净备用。
3. 鸡蛋煮熟去壳，与其他材料放进锅内，放入1000毫升清水，水滚后转慢火煲20分钟，加入冰糖即可。

【美肌润肺宁神补血】

银耳滋阴；桂圆红枣补心血；鸡蛋加强心力。此糖水可美肌润肺、宁神补血，让你由里到外散发美丽。

给女性的健康叮咛

解决方案：

主妇忙完家务可为自己规划休息时间，与朋友外出走走，偶尔也为自己煲一锅汤补身体。若有女儿，建议自小培养忌冰冷的饮食习惯，若吃像圆白菜等白色凉性蔬菜，最好搭配姜、葱、蒜、龙眼肉等温热性食品，降低出现女性常有的手脚冰冷状况，此时也是女性第一阶段补身的大好时机，煲汤是营养又不怕胖的极佳补品，可以为身体发育打下良好基础。

补过与不及都不好，适量地温补身体才能吸收得好。

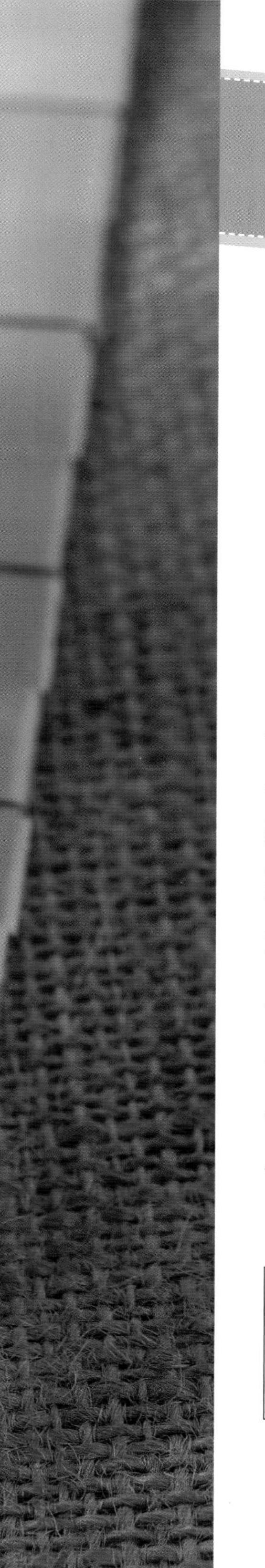

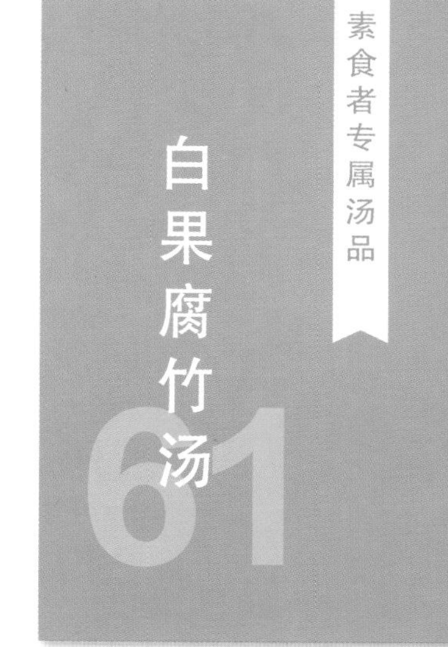

白果腐竹汤

61

白果……………150克
腐竹……………2张
百合……………50克
黄豆……………100克
姜……………2片

1. 白果去壳取肉，去白果心，放入铁锅中不加油，炒至微黄备用。
2. 生姜洗净，刮去姜皮切片备用。
3. 百合洗净，沥干备用。
4. 黄豆放入炒锅中不加油，慢火炒香。将材料放入煲内，放1000毫升水大火滚，水滚开后，转文火煲 2小时，加盐即可。

注：荤食者可加入猪肚一起煲，风味和功效也不同。

【养肺生津定咳喘】

白果敛肺定喘；腐竹清热润燥；百合清心安神；黄豆健脾益胃；姜温胃散寒。清热润肺、清心安神，夜不安眠、肺热者适饮。

五色豆汤 62

红豆……………100克
绿豆……………100克
黄豆……………100克
黑豆……………100克
眉豆……………100克
蜜枣……………4粒
陈皮……………一块
水……………10碗

做法

1. 陈皮泡水，待软化后刮去内里白色囊筋备用。黑豆放入炒锅，不加油，炒至皮壳爆裂取出，用清水洗净备用。
2. 黄豆放入炒锅，不加油，慢火炒香。
3. 红豆、绿豆、眉豆、蜜枣用清水洗净沥干备用。
4. 锅中放入2000毫升清水煮滚，将所有材料放入，慢慢火煲 2小时，加盐即可。

【行气健脾利水】

红豆补血利尿；绿豆清热解毒；黄豆健脾益胃；黑豆滋阴补血；眉豆健脾调中、利水消肿；蜜枣止咳润肺；陈皮健脾化湿。若常饮此汤，可强身保健。

做法

素食者专属汤品

63 红枣煲素肉首乌黑豆桂圆

何首乌……………30克
黑豆………………100克
桂圆………………25克
红枣………………10颗
生姜…………………2片
素肉…………………2块
水……………………8碗

1. 红枣去核，洗净备用。
2. 生姜洗净，刮去姜皮切片备用。
3. 黑豆放入炒锅中，不加油，炒至皮壳爆裂取出，用清水洗净备用。
4. 将材料放进煲内，水滚开后转慢火煲2小时，加盐即可。

【滋阴明目养血】

何首乌补血乌发；黑豆补血明目；桂圆红枣补心血。此汤补血养血，使头发不易变白，常饮能使面色红润。

素食者专属汤品

64 当归淮山枸杞香菇炖素鸡

淮山药……………25克
枸杞………………50克
桂圆………………25克
当归………………5片
红枣………………10颗
滚水……………4碗
素鸡…………250克
（素鸡分量可依个人喜好调整）

做法

1. 红枣去核，洗净备用。
2. 素鸡切块。红枣去核，洗净备用。
3. 将材料洗净后放进大炖盅内，用慢火炖 2小时，加盐即可。

【补血益精明目】

淮山药补脾益胃；枸杞益精明目；桂圆红枣补气健脾、养血安神；当归补血调经。此汤补血明目、滋肾强身。

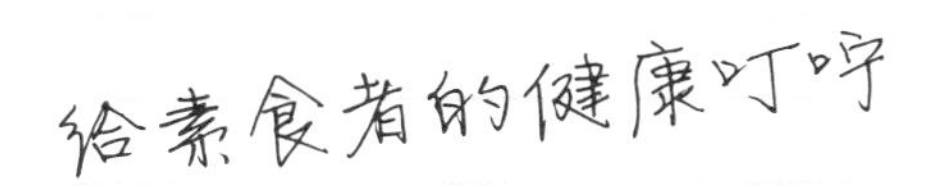

解决方案：

像人体需要的多种维生素大多来自动物类，如能刺激生殖器官发育的锌、促进血红素生长的铁、消化系统必要的维生素B12。

其实有部分营养也能从蔬果中取得，像豆类蛋白可取代肉蛋白，但若有痛风者就需减量；奶蛋素者即借由乳蛋制品能补充蛋白质，而蛋类最多一天一颗，以避免胆固醇问题。此外，健康食品也是人体营养的摄取来源，辅助饮食补充缺乏的养分。

【健脾开胃消食化滞】

番茄养颜助消化；南瓜润肺益气；马铃薯健脾养胃；沙参滋阴润肺；山楂健脾开胃、消食化滞。此汤适合食欲不振、不肯吃东西的小朋友，汤品口感好，小朋友都很爱喔。

幼儿专属汤品

65 山楂煲瘦肉南瓜番茄薯仔

番茄……………………3颗
马铃薯………………2颗
南瓜……………500克
沙参………………50克
山楂………………15克
玉米…………………2根
瘦肉……………250克

做法

1. 猪瘦肉入滚水汆烫 5分钟，不用切块，洗净备用。
2. 锅中放入约3000毫升清水，将所有材料放入锅中，用猛火煲至水滚，改用文火续煲 3小时，关火，放入适量盐调味。

家庭主妇 戴逸珊：

我的孩子挑食、胃口不佳，瘦弱的她总令我忧心，喝了此汤食欲倍增，终于看到肉肉长出来了，强烈推荐。

幼儿专属汤品

66 黄豆木瓜银耳煲猪骨

黄豆……………100克
木瓜………………1个
银耳……………25克
排骨……………250克

做法

1. 银耳用清水浸透发开，淘洗净备用。
2. 木瓜去皮去核，切大块。
3. 排骨斩块，入滚水汆烫 5分钟，洗净备用。
4. 锅中放入约3000毫升清水，将所有材料放入锅中，用猛火煲至水滚，改用文火续煲 3小时，关火，放入适量盐调味。

【健脾润肠生津】

黄豆健脾益胃；木瓜滋养消食、润肠生津；银耳清热润肺。此汤适合消化不良、解便不顺的小朋友饮用。

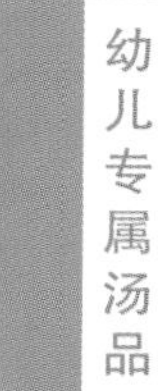

67 山楂麦芽益食汤

山楂…………………10克
麦芽…………………少许
蜜枣…………………4颗
陈皮…………………一块
淮山药………………25克
瘦肉………………250克

做法

1. 陈皮泡水，待软化后刮去内里白色囊筋备用。猪瘦肉入滚水汆烫 5分钟，不用切块，洗净备用。
2. 锅中放入约3000毫升清水，将所有材料放入锅中，用猛火煲至水滚，改用文火续煲 3小时，关火，放入适量盐调味。

【开胃消食化滞】

山楂健脾开胃、消食化滞；麦芽消食和中；陈皮健脾化湿；淮山药润肺益胃。此汤适合脾胃不开、食欲不振且消化不良的小朋友。

68 木瓜煲排骨核桃花生

花生……………100克
核桃……………100克
红枣……………10颗
木瓜……………1个
排骨……………250克

做法

1. 红枣去核，洗净备用。
2. 木瓜去皮去核，切大块。
3. 排骨斩块，入滚水汆烫5分钟，洗净备用。
4. 锅中放入约3000毫升清水，将所有材料放入锅中，用猛火煲至水滚，改用文火续煲3小时左右，关火，放入适量盐调味。

【补脑养肌养胃】

花生健脾开胃、润肺利水；核桃补脑养肌；木瓜滋养消食、润肠生津。此汤适合用功念书、压力大的小朋友饮用。

幼儿专属汤品

69 雪梨银耳百合萝卜煲瘦肉

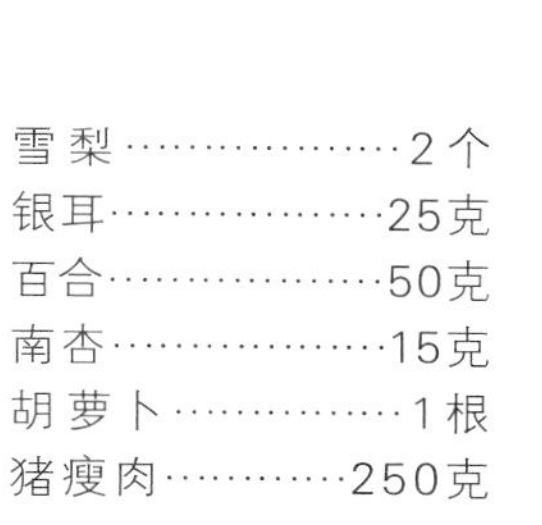

雪梨……………2个
银耳……………25克
百合……………50克
南杏……………15克
胡萝卜…………1根
猪瘦肉…………250克

做法

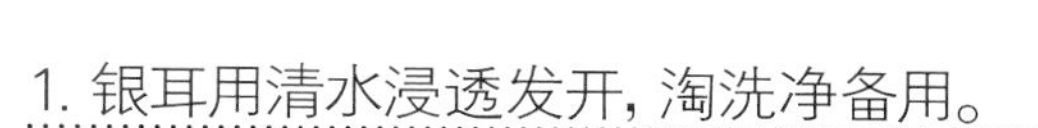

1. 银耳用清水浸透发开，淘洗净备用。
2. 雪梨用清水洗净之后去蒂去心，切成块状备用。
3. 猪瘦肉入滚水汆烫 5分钟，不用切块，洗净备用。
4. 锅中放入约3000毫升的清水，猛火煲至水滚，放入所有材料，改用文火续煲3小时，关火，放入适量盐调味。

【清热润肺宁心安神】

雪梨清热润肺；银耳养阴润肺；百合润肺清心；南杏润肺止咳；胡萝卜化食消滞。支气管过敏、感冒的小朋友适饮，还可预防流感。

幼儿专属汤品

70 冬瓜海带绿豆甜汤

冬瓜··················150克
绿豆··················100克
海带··················25克
白糖··················少许

做法

1. 冬瓜去籽，连皮洗净，切大块备用。
2. 绿豆、海带分别洗净备用。
3. 将全部材料一同放入锅内加水适量，大火煮沸之后改用文火煮一个半小时后，加入适量白糖调味即可。

【去水清热止渴】

冬瓜清热利湿；绿豆清热利水、润喉止渴；海带清热消痛、化痰散结。此汤适合暑热退火或是肺热肝火旺者皆适饮。

黑版贸审字 08-2013-067号
原书名：这些汤彻底改变了我
本书通过四川一览文化传播广告有限公司代理，由汉皇国际文化有限公司授权出版中文简体字版

图书在版编目（CIP）数据

这些汤彻底改变了我 / 吴吉琳著. -- 哈尔滨：北方文艺出版社, 2013.8
ISBN 978-7-5317-3133-7

Ⅰ. ①这… Ⅱ. ①吴… Ⅲ. ①汤菜—菜谱 Ⅳ. ①TS972.122

中国版本图书馆CIP数据核字(2013)第196905号

这些汤彻底改变了我

作　　者　吴吉琳
责任编辑　王金秋
出版发行　北方文艺出版社
地　　址　哈尔滨市道里区经纬街26号
网　　址　http://www.bfwy.com
邮　　编　150010
电子信箱　bfwy@bfwy.com
经　　销　新华书店
印　　刷　北京缤索印刷有限公司
开　　本　787 × 1000　1/16
印　　张　11
字　　数　120千
版　　次　2013年10月第1版
印　　次　2013年10月第1次
定　　价　38.00元
书　　号　ISBN 978-7-5317-3133-7